BEI GRIN MACHT SICH IHR WISSEN BEZAHLT

AF514478

- Wir veröffentlichen Ihre Hausarbeit, Bachelor- und Masterarbeit

- Ihr eigenes eBook und Buch - weltweit in allen wichtigen Shops

- Verdienen Sie an jedem Verkauf

Jetzt bei www.GRIN.com hochladen und kostenlos publizieren

GRIN

Jan Wesseling

Veränderung der Luftverkehrsstrukturen in jüngster Zeit

GRIN Verlag

Bibliografische Information der Deutschen Nationalbibliothek:

Die Deutsche Bibliothek verzeichnet diese Publikation in der Deutschen Nationalbibliografie; detaillierte bibliografische Daten sind im Internet über http://dnb.d-nb.de/ abrufbar.

Dieses Werk sowie alle darin enthaltenen einzelnen Beiträge und Abbildungen sind urheberrechtlich geschützt. Jede Verwertung, die nicht ausdrücklich vom Urheberrechtsschutz zugelassen ist, bedarf der vorherigen Zustimmung des Verlages. Das gilt insbesondere für Vervielfältigungen, Bearbeitungen, Übersetzungen, Mikroverfilmungen, Auswertungen durch Datenbanken und für die Einspeicherung und Verarbeitung in elektronische Systeme. Alle Rechte, auch die des auszugsweisen Nachdrucks, der fotomechanischen Wiedergabe (einschließlich Mikrokopie) sowie der Auswertung durch Datenbanken oder ähnliche Einrichtungen, vorbehalten.

Impressum:

Copyright © 2008 GRIN Verlag GmbH
Druck und Bindung: Books on Demand GmbH, Norderstedt Germany
ISBN: 978-3-640-13943-9

Dieses Buch bei GRIN:

http://www.grin.com/de/e-book/112958/veraenderung-der-luftverkehrsstrukturen-in-juengster-zeit

GRIN - Your knowledge has value

Der GRIN Verlag publiziert seit 1998 wissenschaftliche Arbeiten von Studenten, Hochschullehrern und anderen Akademikern als eBook und gedrucktes Buch. Die Verlagswebsite www.grin.com ist die ideale Plattform zur Veröffentlichung von Hausarbeiten, Abschlussarbeiten, wissenschaftlichen Aufsätzen, Dissertationen und Fachbüchern.

Besuchen Sie uns im Internet:

http://www.grin.com/

http://www.facebook.com/grincom

http://www.twitter.com/grin_com

Hochschule Vechta University of Vechta • Germany

Bachelorarbeit
im Studiengang „Sozial-, Kultur- und Naturwissenschaften",
eingereicht im Fach Geographie

Veränderung der Luftverkehrsstrukturen in jüngster Zeit

von

Jan Wesseling

Vechta, den 08.07.2008

Inhaltsverzeichnis

Verzeichnis der Abbildungen

Verzeichnis der Tabellen

1. Zielsetzung

Der Beginn der Luftfahrt ist für die globale wirtschaftliche Entwicklung seither von enormer Bedeutung. Seit kaum einem halben Jahrhundert sind der Menschheitstraum vom Fliegen und die jährliche Urlaubsreise eine Selbstverständlichkeit geworden. Das Massenverkehrsmittel Flugzeug trug neben der Informations- und Kommunikationstechnik nicht unerheblich zur Entwicklung des „Global Village“ bei. Theoretisch ist jeder Flughafen innerhalb von 24 Stunden zu erreichen, jedoch kann ein innerdeutscher Flug von München nach Hamburg, aufgrund von Nebelbänken, auch eine Tagesreise werden.

Die vorliegende Arbeit soll einen Überblick über die Entwicklung der Luftverkehrsstrukturen in jüngster Zeit geben, da sich diese u. a. durch die Innovation der „Low Cost Carrier“ (LCC) global erheblich verändert haben, vor allem aber im ost- und südostasiatischen Raum. Die Darstellung bedeutender Netzwerke und luftverkehrstechnischer Grundlagen sollen nach der Lektüre des ersten Kapitels ein Verständnis der Luftverkehrsstrukturen ermöglichen.

Im zweiten Kapitel soll ein Überblick über globale Raumstrukturen im Luftverkehr hinsichtlich der Passagierentwicklung, aber auch der Luftfrachtentwicklung und deren Bedeutung gegeben werden. Um an dieser Stelle eine Bewertung vornehmen zu können, werden die Entwicklung des Welthandels in jüngster Zeit und die damit verbundenen Rahmenbedingungen für den Cargo-Sektor dargestellt.

Bei einer globalen Betrachtung darf die Marktposition von Flughafenstandorten nicht unberücksichtigt bleiben. Hinsichtlich dessen ist der dynamischen Entwicklung im ost- und südostasiatischen Raum ein eigenes Kapitel gewidmet. Es soll deutlich werden, welche Entwicklungen sich in den Räumen Ost- und Südostasiens vollziehen.

Der Luftverkehr in Europa wird anhand der Bedeutung der internationalen Verkehrsflughäfen im vierten Kapitel verdeutlicht. Hierbei liegt der Schwerpunkt auf der Bedeutung der Low Cost Carrier, d. h. es werden zwei Geschäftsmodelle gegenübergestellt, und zwar die Low Cost Carrier (LCC) und Full Service Carrier (FSC) und der Frage nachgegangen, inwiefern Low Cost Carrier für den Strukturwandel im

Luftverkehr verantwortlich sind. Abschließend folgen eine Zusammenfassung und ein Ausblick auf die zukünftige Entwicklung des Luftverkehrs.

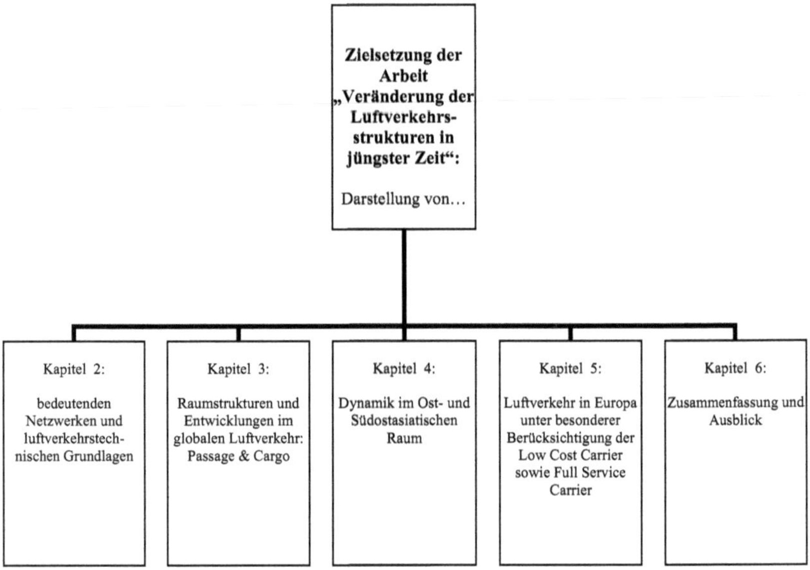

2. Einführung in das Luftverkehrssystem

2.1 Bedeutung innerhalb des Verkehrssystems

Gesamt betrachtet, stellt die Beförderung von Gütern und Personen per Flugzeug den am stärksten wachsenden und dynamischsten Bereich im Verkehrssystem dar. Die Vorteile des Luftverkehrs sind nach HESSE & NUHN (2005, S. 136ff) vor allem in der Schnelligkeit des Transportes von Personen und hochwertigen Gütern über längere Distanzen begründet. Der Einsatz eines Lufttransportmittels unterschiedlicher Größe und Reichweite gestaltet sich flexibel. Doch die Tatsache als solche ist erst vorteilhaft, wenn dem Transportgut kurze Umschlagszeiten zuverlässig gewährt werden kann. Ein weiterer Vorteil ist die relativ gut kalkulierbare Transportzeit mit überschaubaren Verspätungen. Letztlich spielt der Faktor Wetter eine erhebliche Rolle, hinsichtlich des Dispatches (Flugplanung). Man muss sich vergegenwärtigen, dass der Transport mit dem Flugzeug relativ hohe Transportkosten bei sperrigem und schwerem Massengut verursacht, da das Kapazitätsvolumen eines Flugzeuges selbstverständlich nicht mit dem eines Schiffes bzw. Güterzuges verglichen werden kann. Daraus resultiert ein hoher Energiebedarf pro befördertem Gut. Neben zuverlässigem Fluggerät und Infrastruktur sind Überwachungssysteme für die Flugsicherung erforderlich, die ebenfalls hohe Kosten verursachen, die jedoch aufgrund der schnellen Beförderungszeit die Konkurrenzfähigkeit des Luftverkehrsmarktes nur bedingt einschränken.

Nach der Funktion ergeben sich unterschiedliche Formen des Luftverkehrs (s. Abb. 1).

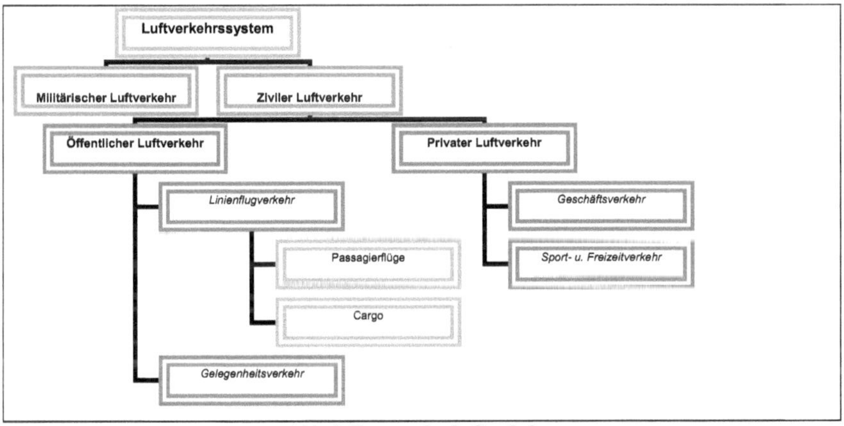

Abb. 1: Formen des Luftverkehrs

Quelle: Nuhn & Hesse (2005), veränderte eigene Darstellung

Im „Abkommen von Chicago" der International Civil Aviation Organization (ICAO) vom 07.12.1944, wie POMPL (2006, S. 31ff) darstellt, umfasst der öffentliche Luftverkehr die Bereiche Linienflugverkehr und Gelegenheitsverkehr. Unter Linienflugverkehr wird „any sheduled air service performed by aircraft for the public transport of passengers, mail or cargo" verstanden (vgl. ICAO Convention, Kapitel. XXII). Somit ist das Luftfrachtsegment unter Linienflugverkehr zu kategorisieren. Weiterhin benötigen Luftfahrtunternehmen in der Bundesrepublik Deutschland, die Personen oder Sachen gewerbsmäßig durch Luftfahrzeuge auf bestimmten Linien öffentlich und regelmäßig befördern (Fluglinienverkehr), eine entsprechende Fluglinienegenehmigung (vgl. LuftVG: § 21 Abs. 1).

Was kennzeichnet nun den Linienflugverkehr? In erster Linie ist der Linienflugverkehr durch Regelmäßigkeit und Linienbindung gekennzeichnet. An dieser Stelle sei darauf hingewiesen, dass die Low Cost Carrier (LCCs) aus dem Marktsegment des Schienenschnellverkehrs große Anteile übernommen haben. POMPL (2006, S. 35) ist, aus wirtschaftlicher Sicht, der Auffassung, dass keine direkte Differenzierung des Low Cost Segments vorgenommen werden kann, da sich die wirtschaftlichen Prinzipien des Linienflugverkehrs und des Gelegenheitsverkehrs stark überschneiden (Näheres in Kapitel 5.2). NUHN & HESSE (2005, S.141) vertreten die These, dass dem LCC-Segment eine besondere Stellung im öffentlichen Luftverkehrssystem aus verkehrsgeographischer Sicht zuzuschreiben ist. Und zwar dadurch, dass es den Linienflug- und Chartermodus in einem Konzept vereint hat und nur Kurz- und Mittelstreckenflüge anbietet.

Zum zivilen Luftverkehr zählt ebenso der private Luftverkehr. Darunter fallen Geschäftsflugzeuge (Learjet etc.) und der allgemeine Luftsport (Motorflug, Segelflug, Ballonfahrten).

Da dem Personen- und Geschäftsverkehr eine besondere Bedeutung zuzuschreiben ist, liegen die großen Flugplätze in der Nähe von Agglomerationen und haben sich dort zu attraktiven Standorten für spezielle Gewerbe und Dienstleistungen entwickelt. Damit verbunden und in der aktuellen Diskussion immer wieder betont, spielen die Auswirkungen auf das globale Klima eine große Rolle, vor allem die Ozonschädigung in Reiseflughöhe.

2.2 Entwicklung der Innovationen und Organisation

Seit jeher ist der Traum vom Fliegen in der Menschheitsgeschichte nachzuweisen. Schon Da Vinci hat Fluggeräte erdacht. Erst Ende des 18. Jahrhunderts gelang es den Brüdern Montgolfier, einen Heißluftballon erfolgreich zu erproben. Zu Beginn des 20. Jahrhunderts setzte eine zunächst langsame Entwicklung von Fluggeräten ein. Diese hat sich jedoch ab Mitte des 20. Jahrhunderts bis in die heutige Zeit enorm beschleunigt. Den Anfang für die Überquerung des Atlantiks mit Passagieren im Linienverkehr machte das Luftschiff von Graf Zeppelin. Der Flugpionier Otto Lilienthal baute bereits Ende des 19. Jahrhunderts Gleitfluggeräte, die von den Gebrüder Wright mit beweglichen Flächenelementen ausgerüstet und zu steuerbaren Motorflugzeugen optimiert wurden. In Kriegszeiten wurden Bomber und Jäger mit stärkeren Motoren erstmals in stabiler Metallbauweise konstruiert und eingesetzt. (Der Bereich Militär wird in dieser Arbeit nicht betrachtet.)

Nach dem Ersten Weltkrieg fanden zunächst Erkundungsflüge mit Doppeldeckern und Wasserflugzeugen statt. Charles Lindbergh feierte seinen Triumph, als er mit der „Spirit of St. Louis“ per Direktflug den Atlantik überquerte. Trotzdem war man nach diesen Flugvorhaben noch sehr skeptisch, da es sicherer zu sein schien, die um 1910 entwickelten Wasserflugzeuge weiterhin einzusetzen, falls ein Motorausfall über dem Gewässer auftrat. Des Weiteren erfolgte der Ausbau eines regelmäßigen Post- und Passagierdienstes nach dem Erfolg Lindberghs. Erst nach dem Zweiten Weltkrieg kamen Gasturbinen mit Treibschrauben sowie Strahl- und Raketenantriebe zum Einsatz. Schon 1947 wurde mit der Innovation „Concorde“ die Schallgrenze überschritten. Die UdSSR zog 1967 mit der Tupolev TU-144 nach. Beide Neuerungen waren jedoch nicht erfolgreich, da sie nur 5 % Nutzlast ihres zulässigen Gesamtgewichts an Passagieren befördern konnten (ca. 113 Pass.). Konventionelle Verkehrsmaschinen konnten den dreifachen Anteil Nutzlast für die Fluggäste nutzen. Hinzu kamen hohe Energiekosten, so dass tatsächlich bis zum Jahr 2000 nur 20 von 250 geplanten Concordes zum Einsatz unter Air France und British Airways kamen. Bis heute verzichtet man aus wirtschaftlichen Gründen darauf, Überschallpassagierflugzeuge weiterzuentwickeln.

In den 1970er Jahren entwickelte Boeing die B-747, die bis heute das erfolgreichste Großraumflugzeug ist. Durch einsetzende Konzentrationsprozesse auf dem US-amerikanischen Flugzeugbauer-Markt blieb die Boeing Corporation als Führender bestehen. Da auch die europäische Konsolidierung der Flugzeugindustrie zu erwarten war, wurde 1969 das Airbus Konsortium durch die Fusion von der französischen Aerospatiale Matra, der deutschen DASA und der spanischen CASA gebildet. Dieser Verbund wurde zeitweise stark subventioniert und ist heute mit 49 % Marktanteil der zweitgrößte Anbieter von Großflugzeugen (vgl. NUHN & HESSE, S. 137ff). Das grundlegendste Innovationspotenzial ist mittlerweile weitestgehend ausgeschöpft. Dennoch besteht ein Optimierungspotenzial, das aus Gründen des Energieverbrauchs und ökologischer Probleme erschlossen werden muss.

Die damaligen Entwicklungen wurden überwiegend durch öffentliche Mittel und Privatiers unterstützt. Heute bestimmen große internationale Airlines die Entwicklung der Zivilluftfahrt.

Nun zur Organisation des allgemeinen Luftverkehrs: 1944 wurden auf der internationalen Konferenz der ICAO neuere Rechtsgrundlagen vereinbart. NUHN & HESSE (2005, S. 145) zählen hierzu die so genannten „Freiheiten der Luft“ (s. Abb. 2), deren Anzahl von fünf auf acht erweitert wurde.

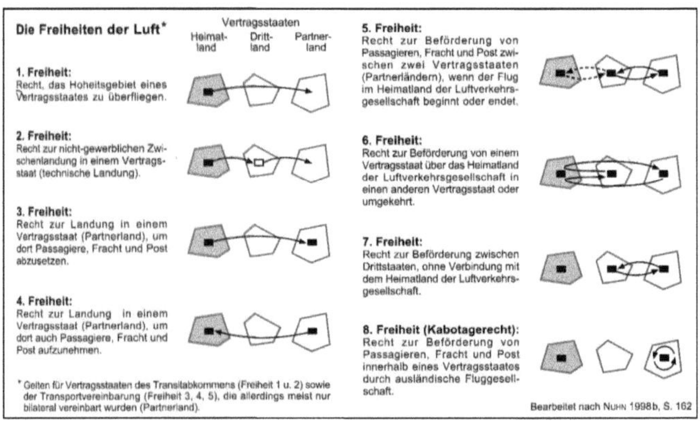

Abb. 2: Freiheiten der Luft nach internationalen Vereinbarungen

Quelle: Nuhn & Hesse (2005)

Diese Beschlüsse bzw. „Freiheiten der Luft“ sind die Arbeitsgrundlage für Fluglinien, Flugsicherungsbehörden und Flughäfen. Auch sind bilaterale Abkommen (mit dem Partnerland) auf Flugstrecken, das Transportgerät, die Bedienungsfrequenzen sowie Kapazitäten, Preise und Gewinnaufteilung zu berücksichtigen.

Ziviler wie militärischer Luftverkehr ist erheblichen internationalen Regulierungen unterworfen. In so genannten Flugplan- und Tarifkommissionen der Fluggesellschaften unter der Leitung der International Air Transport Association (IATA) sind z. B. weltweit gültige Flugpreise vereinbart worden (vgl. Pressemitteilung der EU-Kommission vom 14.03.2005). Die Folge ist, dass der Wettbewerb unter den Mitgliedern der IATA weitestgehend eliminiert wurde. Vorteile ergeben sich dadurch für den Passagier. So sind einheitliche Beförderungsdokumente sowie einheitliche Verkaufs-, Beförderungs- und Abrechnungsmodalitäten entstanden, so dass der Passagier ebenfalls einen Anspruch auf die Beförderung seiner Gepäckstücke hat.
Hinsichtlich der Organisation bzw. Definition von Flugrouten lassen sich nach NUHN & HESSE (2005, S. 143f) drei Grundformen unterscheiden: Direktverbindungen,
Netze und Drehscheiben (Hubs), siehe Abbildung 3.

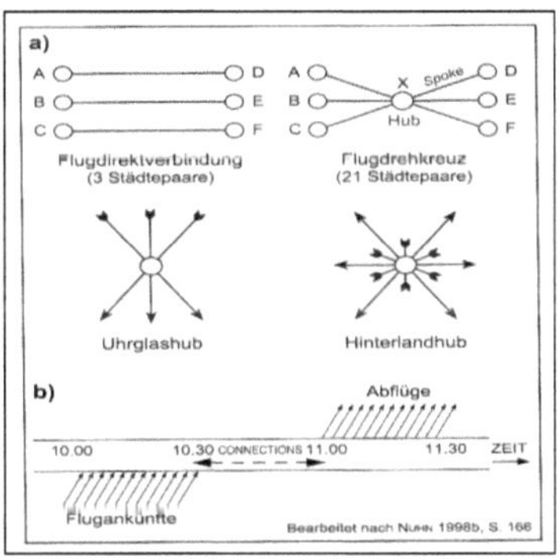

Abb. 3: Grundformen von Flugverkehrsnetzen (a) und Organisation am Drehkreuz (b)
Quelle: Nuhn & Hesse (2005)

Zur Veranschaulichung einer Direktverbindung: Ein Flugzeug startet von seinem Basisflughafen (A) in Richtung des Zielflughafens (D). Auf dessen Route sind, wenn nötig, Zwischenstopps aus technischen Gründen oder zur Aufnahme von Ladung eingeschaltet. Werden Netzstrukturen (Drehkreuze) betrachtet, sind diese charakteristisch für binnenländische, aber auch internationale Flugverbindungen. Somit können sich auch größere Gesellschaften, die weltweit fungieren, in ein Netz zusammenfügen. Grundlage hierfür ist die Vereinbarung „Freiheiten der Luft" für die Beförderung von Personen und Fracht. Kleinere Fluggesellschaften, die ein geringeres Potenzial an Passagieren transportieren, versuchen den Marktanteil zu vergrößern, indem sie Flugverbindungen zwischen Drittstaaten durchführen.

Aufgrund der geographischen Lage und infrastrukturellen Erschließung eines Flughafens ist die Möglichkeit gegeben, Flughäfen als Drehkreuze auszubauen. Zu diesen Drehkreuzen gehören London Heathrow (mit British Airways), Paris Charles des Gaulles (mit Air France) und Frankfurt am Main (mit Lufthansa). Frankfurt ist das Drehkreuz (Hub) der Lufthansa AG. Übertragen auf Abbildung 3 bedeutet dies, dass ein Flugzeug vom Flughafen A über den Hub X zum Zielflughafen D gelangt. Es wird von einem Uhrglas-Hub gesprochen, wenn die Verbindung zwischen zwei Regionen durch den Hub als Zwischen- bzw. Umsteigestation geführt wird. Als Beispiel für das o. g. System ist Singapur zu nennen. Dort werden Flüge aus dem asiatischen und australischen Raum gebündelt und nach Europa bzw. Nordamerika weitergeleitet.
Von einem Hinterland-Hub wird gesprochen, wenn der Flughafen als Sammelpunkt für eine bestimmte Airline genutzt wird, um Anschlussflüge außerregionaler Zielflughäfen anbieten zu können. Hierfür nennen NUHN & HESSE (2005, S. 144f) Delta Airlines mit Atlanta als ein Beispiel. In Atlanta führt Delta Airlines täglich 600 Abflüge mit nationalen und internationalen Zielen durch. Damit wird ein Umschlag von ca. 20.000 Passagieren erreicht.

Aufgrund der starken Regulierung versuchen Airlines durch Kooperationen und strategische Allianzen (z. B. „Star Alliance") eine Ausweitung des Netzwerks unter Umgehung juristischer Restriktionen zu erreichen, indem Code-Sharing angewendet wird. Hierbei vereinbaren Fluggesellschaften einen gemeinsamen Nutzen von Flugrechten auf einer Route unter einer offiziellen Codenummer. Als ein Beispiel hierfür wäre die ehemalige innerdeutsche Städteverbindung Bremen – Berlin/Tegel zu nennen. Cimber Air, eine dänische Airline, führte diese Städteverbindung mit einer ATR 42-300 unter dem

Callsign „DLHxxxx“ der Lufthansa durch, welche diese Verbindung vorher herstellte. Vorteile: Durch die Einigung zweier Vertragspartner wurden Kosten gespart und das Angebot erweitert, so dass im günstigsten Fall der Anbieter und der Kunde profitiert. Diese Städteverbindung hat sich jedoch als unrentabel erwiesen und wurde eingestellt.. Es funktioniert jedoch hervorragend mit Air Dolomiti, die im Namen der Lufthansa Linienflüge von München nach Italien anbietet.

Eine weitere Strategie ist Franchising. Hierbei erlaubt eine Airline, ihren Namen und Service gegen Gebühren zu verwenden. Dieses Verfahren setzt sich in Europa zunehmend durch. British Airways hatten 1998 acht, Air France, Iberia und Lufthansa je vier Franchisenehmer. Der Franchisegeber kann Strecken mit hohen Kosten oder geringer Auslastung an kleinere Unternehmen abgeben. Diese profitieren wiederum von Image und Effizienz des franchisegebenden Unternehmens (vgl. NUHN & HESSE 2005, S. 146).

2.3 Überblick über die Luftverkehrspolitik

Wie unter Punkt 2.2 erwähnt, gehört der Luftverkehr zu dem am stärksten regulierten Transportsektor. Dies hat einen historischen Hintergrund: Aufgrund der militärischen Auseinandersetzungen im Ersten und Zweiten Weltkrieg beharrten die europäischen Siegerstaaten auf der uneingeschränkten Immunität und politischen Souveränität ihres Luftraumes. Das Pariser Abkommen von 1919 sah die Fixierung dieses Prinzips vor sowie bilaterale Verträge, die auf Gegenseitigkeit für die Gewährung von Überflug- und Landerechten beruhten. Das ICAO-Abkommen (Chicago 1944) definierte zunächst die fünf Freiheiten der Luft, deren verbindliche Einführung aber nicht erreicht, sondern weiterhin den bilateralen Vereinbarungen überlassen wurde.

Demzufolge definiert das Europäische Parlament die Luftverkehrspolitik als „die bewusste Gestaltung und Beeinflussung des Luftverkehrs durch den Staat, andere öffentliche Körperschaften, halböffentliche Körperschaften und private zur Erreichung gesamtwirtschaftlicher Ziele“ (POMPL 2006, S. 333). Nun ist jedoch festzustellen, dass der Staat, aufgrund von Deregulierungsmaßnahmen, sich zunehmend aus der Luftverkehrspolitik herauszieht und somit eine Erweiterung der Definition nötig ist. Nach POMPL (2006, S. 333) umfasst die Luftverkehrspolitik „sowohl die bewusste Gestaltung von Zielen und Instrumenten des Luftverkehrs als auch das bewusste Nichteingreifen in Teilbereiche des Luftverkehrs durch nationale und supranationale staatliche Institutionen, internationale Organisationen, Interessenverbände und Einzelunternehmen zur Erreichung gesamtwirtschaftlicher und unternehmensspezifischer Ziele“.

Hiermit soll zum Ausdruck kommen, dass der politische Prozess nicht nur durch hoheitliche Beschlüsse, sondern eben durch eine Vielfalt von Interessengruppen unterschiedlicher Art bestimmt ist. Somit beinhaltet Luftverkehrspolitik auch die Aspekte Strategie, Art und Hierarchie der Ziele. Aufgrund der Deregulierungsmaßnahmen ist der Luftverkehr nun nicht mehr allzu sehr durch Gesetze und Verordnungen geprägt, sondern zunehmend, und sicherlich ist dies positiv zu werten, durch das individuelle Verhalten der Betroffenen gekennzeichnet. Demzufolge kann der Markt durch freie Entscheidungen der Unternehmen hinsichtlich der Angebotsentwicklung flexibler erschlossen werden.

POMPL (2006, S. 336) stellt dazu fest: „Das freie Spiel der Kräfte führt aber auch nach den bisherigen Erfahrungen nicht automatisch zur Erreichung der gesamtwirtschaftlichen Ziele der Verkehrspolitik. Es kann zu einseitigen Kräfteverschiebungen kommen, wie z. B. beim Monopol, die sich negativ für die übrige Wirtschaft auswirken. Die Träger der Luftverkehrspolitik müssen daher durch den Einsatz ausgewählter Mittel die Entwicklung des Luftverkehrssystems auf die von ihnen gesetzten Ziele hin lenken.“

Aufgrund dessen ist andererseits ein gewisses Regulierungsmoment durchaus sinnvoll. Abschließend folgende Argumente für die Regulation: In erster Linie zielt die staatliche Regulierung auf den nationalen Nutzen ab. Um einen gesunden funktionierenden Wettbewerb zu gewährleisten, muss die Leistungsfähigkeit des Luftverkehrssystems sichergestellt werden, vor allem durch eine sinnvolle Aufgabenverteilung der Verkehrsträger. Nicht zuletzt steht der Verbraucher im Vordergrund, dessen Fürsorge durch den Verbraucherschutz und Umweltschutz gesichert werden soll.

3. Globale Bedeutung des Luftverkehrs

3.1 Einfluss der Globalisierung und anderer Faktoren auf den Luftverkehr

Seit den 1990er Jahren scheinen die Wechselbeziehungen zwischen Globalisierung und Luftverkehr nur auf den ersten Blick ausschließlich in Zusammenhang mit weltwirtschaftlichen Wachstumsprozessen und Verflechtungen zu stehen. Vielmehr muss die raumübergreifende Zunahme des Luftverkehrs im weltweiten Maßstab auch als Folge der langfristigen technologischen Entwicklung und der damit erreichten Reichweitenvergrößerung betrachtet werden. Werden die 1969 bestehenden Luftverkehrsverbindungen analysiert, ist festzustellen, dass damals bedeutende Luftverkehrsachsen wie die transatlantische Verbindung Europa – Nordamerika, die innernordamerikanische Verbindung zwischen Ost- und Westküste sowie von Europa in den Nahen Osten bzw. Vorderen Orient dominierten (vgl. JUCHELKA 2002, S.93).

Werden die Strukturen des Luftverkehrs und seine globale Verteilung in jüngerer Zeit betrachtet (vgl. Abb. 4), ist eine, im Vergleich zu Nordamerika, starke Wachstumsdynamik der internationalen asiatischen und europäischen Drehkreuze festzustellen. Dies ergibt sich vor allem durch die Anzahl der Verbindungen zwischen den Großflughäfen der Triade. Im Jahre 1982 konzentrierte sich der Austausch auf die USA, mit starken Beziehungen nach Europa und Fernost. Aufgrund der wirtschaftlichen Erfolge der asiatischen Schwellenländer und durch die Öffnung Chinas erhöhten sich die Verbindungen 1998 zwischen Asien und Europa. Vor dem Hintergrund der Globalisierungsdiskussion ist herauszustellen, dass hinsichtlich der Flugverbindungen den Global Cities bzw. Mega-Städten im asiatischen Raum, beispielsweise Tokio, Hongkong und Bangkok, eine besondere Stellung zuzuschreiben ist. Die Entwicklung im südostasiatischen Binnenmarkt wird im folgenden Kapitel differenziert erläutert.

Die Bundesrepublik Deutschland wird insbesondere über den Flughafen Frankfurt am Main mit dem internationalen Flugnetz verbunden, während London, Amsterdam und Paris in hohem Maße zur weiteren Vernetzung beitragen (vgl. NUHN & HESSE 2005).

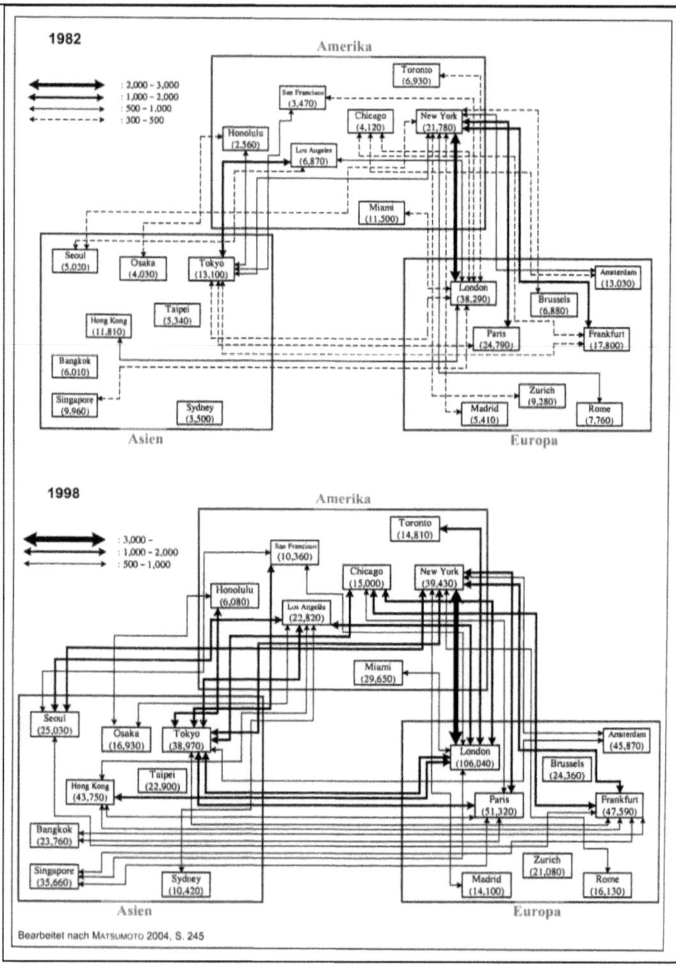

Abb. 4: Netzwerk der Flugverbindungen zwischen der Triade 1982 und 1998

Quelle: Nuhn & Hesse (2005)

Bei der regionalen Analyse fällt auf, dass die amerikanischen Flughäfen die Weltrangliste der frequentiertesten Flughäfen anführen (s. Abb. 5). Demnach verteilen sich die Anteile des Passagieraufkommens im Jahre 2005 wie folgt: rund 40 % auf Nordamerika, 32 % auf Europa, 23 % auf den asiatisch-pazifischen Raum und rund 5 % auf sonstige Regionen. Die bis heute anhaltende positive Entwicklung und darauf gestützte Hochrechnungen prognostizieren jedoch einen erheblichen Zuwachs für den asiatisch-pazifischen Raum, basierend auch auf der Passagierentwicklung zwischen 2000 und 2005 (s. Abb. 5).

Dies wird schon deutlich, wenn die Wachstumsdynamik zwischen den Jahren 2000 und 2005 in Nordamerika und dem asiatischen Raum miteinander verglichen wird. In der Abbildung 5 ist festzustellen, dass die Drehkreuze Bangkok, Hongkong und Beijing (Peking) erheblich höhere Wachstumsraten aufzuweisen haben als nordamerikanische Drehkreuze. Auch in Europa ist ein Zuwachs zu verzeichnen.

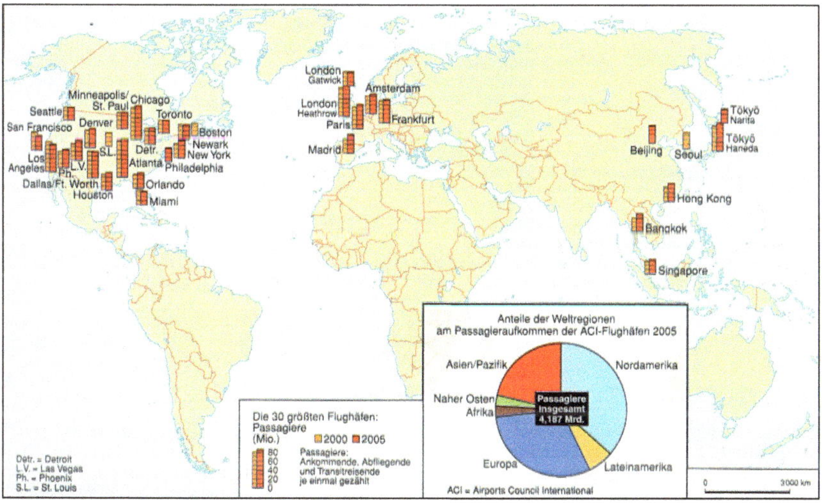

Abb. 5: TOP-30 Flughäfen nach Passagieraufkommen im Gesamt-Linienverkehr 2000 bzw. 2005 und nach Großregionen

Quelle: Feldhoff (2007)

Wird zur Betrachtung der Entwicklung des Luftverkehrs die Einschätzung der Flugzeughersteller hinzugezogen, die jährlich Prognosen zur Entwicklung des weltweiten Luftverkehrs stellen, geht z.B. der Boeing-Konzern davon aus, dass für den Südost- und Nordost-Asien-Verkehr jährliche Steigerungen von über fünf Prozent zu erwarten sind.

Während für die Räume Südwest-Asien und China sogar etwa sieben Prozent Wachstum vorausgesagt werden. Demnach liegen diese Raten über dem weltweiten Wachstum von vier Prozent (vgl. JUCHELKA 2002, S. 98).

Seit ungefähr zehn Jahren sind nicht mehr einzelne Airlines, sondern die eingangs erwähnten Luftfahrtallianzen die maßgeblichen Akteure im internationalen Luftverkehr. Die gegenwärtig führenden Bündnisse international tätiger Netzwerk-Carrier heißen Alliance, Oneworld und SkyTeam. Durch diese Bündnisse können zeitlich aufeinander abgestimmte Verbindungen an zentralen Hubs erfolgen, während die Hubs wiederum durch kleine Flughäfen mit entsprechenden Flugverbindungen versorgt werden. Weiterhin zeichnet die Bündnisse ein hoher Grad an Vernetzung aus. Sie kooperieren nicht nur in den Bereichen Vertrieb, Marketing und Kundenservice, sondern auch im technischen und IT-Bereich. Hierdurch wird Kostenreduktion und Ertragsoptimierung bei allen Partnern erreicht (vgl. FELDHOFF 2007, S. 29f.).

3.2 Entwicklung des weltweiten Passagieraufkommens

Der zweite Teil dieses Kapitels beschäftigt sich mit der Entwicklung des Passagieraufkommens allgemein, der Entwicklung und Bedeutung des Cargo-Verkehrs und dessen Veränderungen andererseits.
Die Entwicklung des Fluglinienverkehrs der ICAO-Staaten von 1929 bis 2005 macht ein kontinuierliches Wachstum deutlich (vgl. Tab. 1).

Jahr	Beförderte Passagiere (Mio.)	Passagierkilometer (Mrd.)
1929	0,5	/
1945	9	8
1950	31	28
1955	68	61
1960	106	109
1965	177	198
1970[a]	307	387
1975	534	697
1980	748	1.089
1985	899	1.367
1990	1.165	1.894
1991	1.135	1.845
1992	1.146	1.929
1993	1.142	1.949
1994	1.233	2.100
1995	1.304	2.248
1996	1.391	2.432
1997	1.457	2.573
1998	1.471	2.628
1999	1.562	2.798
2000	1.672	3.038
2001	1.640	2.950
2002	1.639	2.965
2003	1.691	3.019
2004	1.888	3.445
2005[b]	2.022	3.720

[a] Seit 1971 mit der UdSSR

[b] Provisorische Schätzung

/ Zahl nicht zugänglich oder erhoben

Tab. 1: Entwicklung des Fluglinienverkehrs der ICAO-Staaten 1929 bis 2005

Quelle: Pompl (2007), veränderte eigene Darstellung

Der Post- und Frachtverkehr setzte ab 1919 vergleichsweise früh ein. Wird hingegen der Passagierverkehr betrachtet, ist festzustellen, dass sich dieser erst nach dem Zweiten Weltkrieg etablierte und kontinuierlich zu wachsen begann. Die 1980er Jahre wurden dann von einer weltweiten Rezession geprägt, die sich in diesem Sektor bis 1991 fortsetzte. Deutlich wird zudem der Rückgang der Passagierzahlen im Jahre 2001 als Folge der Terroranschläge vom 11. September in den USA.

Von 2002 bis 2003 ist ein spärliches Wachstum zu verzeichnen. Dies lag vor allem an dem sich abzeichnenden Irak-Krieg, der im März 2003 durch US-Luftangriffe begann. Im Jahr 2003 hemmte vor allen Dingen die sich rasch verbreitende Lungenkrankheit SARS (Severe Acute Respiratory Syndrome) die Nachfrage. Hinzu kommen die einsetzenden Rohölpreissteigerungen, die den Airlines in ihren Kostenstrukturen erheblich zusetzten. Demnach reagiert der Luftverkehr äußert sensibel auf externe Einflüsse (vgl. POMPL 2007, S. 1f.).

Nach Ablauf des Jahres 2003 ist ein ebenso hohes Wachstum zu verzeichnen (2000 bis 2005: 20,9 %), jedoch betrug das Wachstum im Vergleich von 1995 bis 2000 28,2 %. Das geringere durchschnittliche Wachstum von 2000 bis 2005 ist auf die oben dargestellten Ereignisse zurückzuführen.
An dieser Stelle stellt sich die Frage nach den Gründen für die grundsätzlich positive Entwicklung. Diese ist vorrangig begründet durch technische Innovationen, die Produktivitätssteigerungen bewirkten, zu einer Senkung der Flugkosten und - in Kombination mit anderen Wettbewerbsfaktoren - niedrigeren Ticketpreisen führten.. Des Weiteren spielt die Vernetzung der Volkswirtschaften eine große Rolle, da damit die Nachfrage nach Geschäftsreisen, aber auch nach Frachttransporten, steigt. Hier kommt den Tigerstaaten eine besondere Position zu, da das steigende Realeinkommen, verbunden mit liberalisierten Reisebedingungen, die Nachfrage nach Privatreisen steigen lässt. Letztlich wäre die Liberalisierung des Luftverkehrs selbst zu nennen, so dass dies in vielen Verkehrsgebieten eine Ausweitung des Angebots und wettbewerbsorientierte Flugpreise zur Folge hat.

3.3 Entwicklung des internationalen Luftfrachtaufkommens

Nicht zu vernachlässigen ist die Relevanz des Cargo-Sektors im globalen zivilen Luftverkehr. Starke quantitative und qualitative Veränderungen in Angebot und Nachfrage sind seit den 1980er Jahren im internationalen Handel zu beobachten. NEIBERGER (2006, S. 281 f.) schätzt den Anstieg des Exportaufkommens von 1980 bis 2003 auf 287 %. Den stärksten Zuwachs verzeichnen westeuropäische Länder, die USA und Asien (s. Abb. 6).

Diese Entwicklung lässt sich auf die Globalisierung zurückführen, also auf eine internationale Arbeitsteilung durch multinationale Unternehmen.

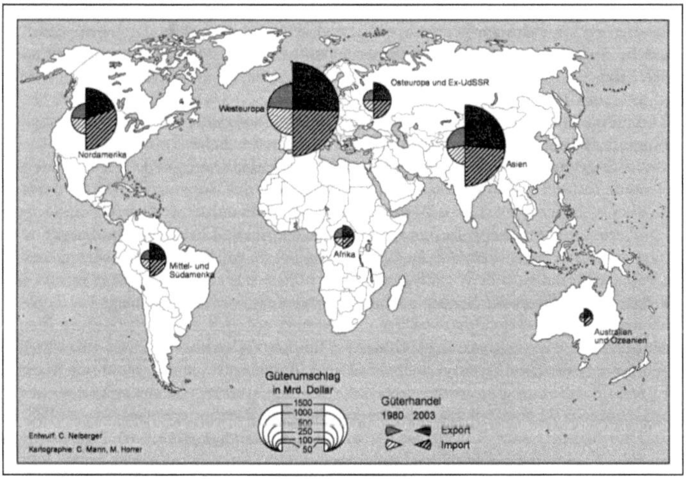

Abb. 6: Entwicklung des Welthandels 1980-2003

Quelle: Neiberger (2006)

Von dieser Entwicklung profitieren vor allem Luftfrachtunternehmen, die sich durch Flexibilität und kurze Umschlagszeiten auszeichnen. Zudem erfordern mittlerweile allgegenwärtige Just-In-Time-Lieferbedingungen flexible Logistik auch bei kleineren Transportmengen. Die Folge: Der Lufttransport zeitkritischer Güter als auch außerplanmäßiger Luftfrachten nimmt zu.

Die neu entstandenen globalen Märkte und Produktionsnetze bedürfen einer ebenso globalen Organisation der Logistik und dazugehörigen Kommunikation. Dienstleistungsunternehmen müssen selbst leistungsstark und global orientiert sein, um sich den vielfältigen Anforderungen stellen zu können (vgl. NEIBERGER 2003, S. 199).
Auch die Entwicklung des Cargo-Sektors vollzog sich analog zum weltweiten Passagieraufkommen, wie die Tabelle 2 verdeutlicht.

Jahr	Fracht TKT (Mio.)	Post TKT (Mio.)
1930	4,0	/
1960	2.000	/
1970	12.000	/
1980	29.000	/
1990	58.820	5.330
1991	58.560	5.070
1992	62.640	5.130
1993	68.450	5.230
1994	77.220	5.410
1995	83.130	5.630
1996	89.200	5.800
1997	102.880	5.990
1998	101.820	5.760
1999	108.660	5.720
2000	118.080	6.050
2001	110.080	5.310
2002	119.840	4.570
2003	125.760	4.530
2004	139.404	4.580
2005[a]	142.580	4.660

a Provisorische Schätzung
/ Zahl nicht zugänglich oder erhoben
TKT=Tonne Kilometers Transported,
Zahl der beförderten Tonnen x Streckenentfernung

Tab. 2: Entwicklung der Fracht- und Postbeförderung 1930 bis 2005

Quelle: Pompl (2007), veränderte eigene Darstellung

Ersichtlich wird, dass die Beförderung von Fracht und Post in ihrer gesamtwirtschaftlichen Bedeutung als auch für den finanziellen Erfolg einzelner Fluggesellschaften wichtige Wirtschaftszweige darstellen. Während die weltweite Frachtbeförderung bis 2005 ständig zunimmt, stagniert der Postverkehr seit dem Jahre 2002. Dies ist auf die zunehmende Bedeutung der neuen Kommunikations- und Informationstechnologien zurückzuführen. Zu erwarten ist, dass sich diese Entwicklung nicht umkehren wird.

Die Bedeutung des Cargo-Sektors innerhalb einer Fluggesellschaft macht ungefähr ein Drittel der Wirtschaftsleistung und nur ein Sechstel des Umsatzes aus. Somit ist er ertragsschwächer als der Passage-Sektor. Dadurch, dass Restladekapazitäten auf

Passagierlinienflügen auch zum Transport eingesetzt werden, kann das Betriebsergebnis durchaus verbessert werden.

Schaut man sich die regionale Verteilung der Cargo-Airports an, ist festzustellen, dass die bedeutenden internationalen Verkehrsflughäfen auch im Cargo-Sektor an der Spitze stehen. In Europa sind Frankfurt, Amsterdam, London und Brüssel zu nennen. In Nordamerika sind es vor allem Memphis, Miami und Louisville. Die südostasiatischen Flughäfen gelten bis auf Hongkong und Seoul überwiegend als Cargo-Newcomer-Airports. Alle genannten Flughäfen verzeichnen zwischen den Jahren 1991 bis 2004 Wachstumszuwächse von 100 bis über 500 %. Die 500 Prozent-Marke überschreiten insbesondere Hongkong und Memphis (vgl. NEIBERGER 2006, S. 281).

An dieser Stelle ist erneut herauszustellen, dass globale Netzwerke dominieren und der Punkt-zu-Punkt-Verkehr nicht mehr zeitgemäß ist. Die bereits erwähnten neuen Anforderungen treffen nicht nur die traditionellen Speditionen und Güterverkehrsunternehmen, sondern in erster Linie See- und Flughäfen. Bis Mitte der 1980er Jahre waren diese Infrastrukturbereitsteller in öffentlicher Hand, seitdem ist die Hafen- und Flughafenlandschaft einem Strukturwandel ausgesetzt: der Privatisierung. Da sich die Haushaltslage der Öffentlichen Hand zunehmend verschlechtert hat, parallel dazu jedoch umfangreiche Investitionen anstehen, um die Wettbewerbsfähigkeit zu wahren, zieht sie sich aus den Unternehmensstrukturen durch Anteilsverkäufe immer weiter zurück. Verbunden mit Deregulierungen in den Verkehrsbereichen steigt der Wettbewerb zwischen den Hafen- und Flughafenbetreibern. Als logische Folge sind Konzentrationsbestrebungen der logistischen Dienstleister festzustellen. Diese bedienen sich des „Hub-and-Spoke-Prinzips“, also der Sammlung und Verteilung der Güter. Übertragen auf den Luftverkehr: Airlines benötigen nunmehr einen Hub-Flughafen je Kontinent, über den interkontinentale Flüge abgewickelt werden können, an dem das gesamte Passagier- und Warenaufkommen des Kontinents per Flugzeug, Bahn und Lkw gebündelt und dann national bzw. international weiter verteilt wird (vgl. NEIBERGER 2006, S. 286).

Zusammenfassend lässt sich feststellen, dass sich, mit der zunehmenden Globalisierung der Wirtschaft, der Bedeutungswandel von Industrie- und Logistikstandorten erhöht. Aufgrund der Bildung globaler Netzwerke und durch von ihr geschaffenen Logistikdienstleistungen können diese flexibler auf die veränderten Bedingungen reagieren.

Eines ist klar: Nur solche Standorte, die die logistischen und infrastrukturellen Anforderungen optimal erfüllen, werden eine bedeutende Rolle in den globalen Netzwerken von Logistikdienstleistern halten und sich dementsprechend weiterentwickeln.

3.4 Die Dienstleistungskette Luftfracht

Allgemein wird die Dienstleistungskette Luftfracht als „sequence of functions in which each stage adds value to the process of production of goods or services“ definiert (vgl. NEIBERGER 2003, S. 199). Demnach besteht die zu betrachtende Kette aus einzelnen Segmenten, welche die Organisation des Produktionsprozesses der Dienstleistung "Luftfrachttransport" innehaben (s. Abb. 7).

Der nun folgende Punkt 3.4 dient der Veranschaulichung räumlicher bzw. wirtschaftsgeographischer Konzepte im Bereich der Dienstleistungskette Luftfracht. Nun mag sich vielleicht die Frage nach der Relevanz dieser Thematik auftun. Es vollzieht sich auch in der Luftfrachtbranche ein einschneidender Strukturwandel, der sich räumlich auswirkt. Somit werden seit geraumer Zeit wirtschaftliche Verflechtungen auf einer mesoökonomischen Ebene, einer Wertkette und des product chain betrachtet. Diesen Konzepten geht die Betrachtungsweise entlang der Produktionsschritte eines Produktes (vom Rohstoff bis zum Konsumenten) einher. An diesen Stellen können Probleme der Koordination und Kontrolle der einzelnen Produktionsschritte analysiert werden. Bei dieser Betrachtungsweise muss zudem die jeweilige Unternehmensform berücksichtigt werden. NEIBERGER (2003, S. 199) stellt heraus, dass es sich in der Luftfahrt, im Cargo-Sektor, bei diesen Dienstleistungen um unterstützende bzw. verbundene Branchen handelt, hinsichtlich der Organisation und Ausführung von Warentransporten.

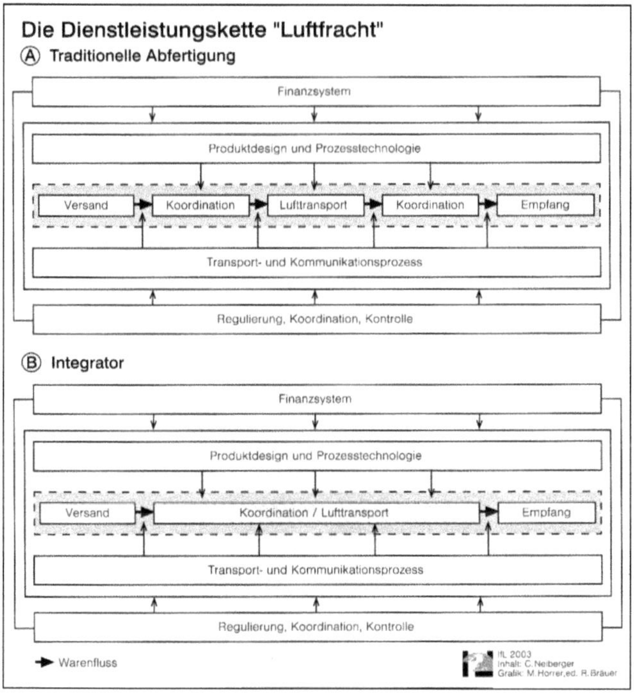

Abb. 7: Die Dienstleistungskette „Luftfracht“

Quelle: Neiberger (2006)

Die Unterstützung erfolgt durch verschiedene Dienstleistungen, den Waren- und Informationsfluss betreffend, wie lokaler Transport, Lagerhaltung, Verpackung, Palettierung, Bereitstellung von Informations- und Abrechnungssystemen (Transport- und Kommunikationsprozess). Diese Ebene wird durch eine weitere ergänzt: Produktdesign- und Prozesstechnologie. Des Weiteren ist die Dienstleistungskette in ein Finanzsystem eingebettet, welches das notwendige Kapital zur Verfügung stellt, aber auch als kontrollierendes, koordinierendes und regulierendes Segment fungiert. Zwischen diesen, die in der traditionellen Luftfracht auch geschlossenen Organisationseinheiten, also selbständigen Unternehmen, zuzuordnen sind, werden externe Dienstleistungsunternehmen zum Transport der Ware vom Versender zum Flughafen, zur Zwischenlagerung am Zielort, zur Verpackung, Palettierung und zur Verladung in das weiterbefördernde Flugzeug beauftragt. All diese Stationen sind in der Ebene des Transport- und Kommunikationsprozesses zusammengefasst. In der traditionellen Luftfracht werden diese Dienstleistungen durch spezialisierte Unternehmen erbracht. Somit können bis zu 15 Dienstleistungsunternehmen an einer Luftfrachtsendung beteiligt sein. Folglich ist der Zeitaufwand bei Kommunikation und vor allem Koordination enorm. Zudem sind die Transaktionskosten entsprechend hoch.

Werden aber nun die vorhin genannten Segmente integriert, kann effizienter gewirtschaftet werden. Dies konnte durch die Deregulierung des amerikanischen Luftverkehrsmarktes im Jahre 1977 durchgesetzt werden. Es wird nun von einem Door-to-Door-Service gesprochen, d. h. die „integrated carrier" (Integratoren) vereinigen für den Transport der Paketsendungen alle Einzelstationen zu einer einzigen Luftfrachtkette. Ziel ist die Schaffung einer optimalen Kosten-Nutzen-Situation, denn durch neue automatische Abfertigungsanlagen an den Flughäfen, Hub-and-Spoke-Systeme des Lufttransports und durch Sendungsverfolgungssysteme zur Koordination und Kontrolle des Warenstromes wird dies erreicht (vgl. NEIBERGER 2003, S. 200 f.).

Nun zur räumlichen Umstrukturierung im Luftfrachtsegment. Vorwiegend sind die beteiligten Unternehmen direkt an Flughafenstandorten vorzufinden. Allein am Flughafen Frankfurt am Main als dem größten Frachtflughafen Deutschlands sind 54 Airlines, 13 Sales Agents, 153 Luftfrachtspeditionen, 3 Integratoren, 101 Dienstleister, eine Zollstation, die Bundesanstalt für Qualitätskontrolle, die tierärztliche und phytosanitäre Grenzkontrollstelle sowie verschiedene Infrastruktureinrichtungen zur Abfertigung von Special-Cargo wie Frischezentrum, Tierstation usw. angesiedelt.

Folglich erhebt sich die Frage, ob es nicht sinnvoll wäre, generell eine Trennung in Fracht- und Passagierflughäfen vorzunehmen. Die Umsetzung ist in der Realität jedoch unwahrscheinlich. Es wird zwar schon, aufgrund der Engpässe bei Start- und Landerechten, auf Regionalflughäfen ausgewichen, aber eben nur als Notmaßnahme. Die Entlastung der Hubs führt somit zu einer Stärkung der Regionalflughäfen, die dann als

„Sub-Hubs“ bezeichnet werden. Der Nachteil hierbei ist, dass Sub-Hubs in der Regel nur durch die landeseigene Infrastruktur erschlossen sind, während an den großen Hubs die privatisierten, wirtschaftlich optimal organisierten Einrichtungen mit entsprechenden Vorteilen punkten können.

Bedingt durch die zunehmend wachsenden Anforderungen der Verlader an Geschwindigkeit und Zuverlässigkeit der Transportkette sowie verschärfter Wettbewerbsbedingungen - der Druck als Folge von Deregulierung und Liberalisierung steigt ständig - sind alle Beteiligten gezwungen, neue Strategien zu entwickeln bzw. Bestehende zu optimieren. So ist zu verzeichnen, dass selbst kleine Speditionen durch Schaffung horizontaler Netzwerke versuchen, wettbewerbsfähige Standards zu erreichen.

Die wirtschaftliche Bedeutung von Flughäfen im internationalen Netz wird in erster Linie durch die Entscheidung der Airlines durch Standortbestimmungen eingeleitet, entscheidend beeinflusst von strategischen Airline-Allianzen. Das heißt dann wiederum, dass die jüngste Fusion zwischen Air France und KLM eine Bedeutungsverschiebung zwischen den Flughäfen im europäischen Maßstab hervorrufen kann (vgl. NEIBERGER 2003, S. 208).

4. Dynamik im Ost- und Südostasiatischen Raum

4.1 Wachstumsmarkt Ost- und Südostasien

Die anhaltende Wachstumsdynamik des Luftverkehrs lässt sich an dem Beispiel Ost- und Südostasiens exemplarisch beweisen. In der jüngeren Vergangenheit hat die Entwicklungsdynamik der aufstrebenden Metropolen Ost- und Südostasiens weltweit großes Aufsehen erregt. Bei einer intraregionalen Betrachtungsweise sind jedoch erhebliche Struktur- und Wachstumsunterschiede festzustellen, da sich die einzelnen Volkswirtschaften durch gravierende ökonomische und soziale Disparitäten sowie länderspezifische Wettbewerbsvor- und -nachteile unterscheiden.

FELDHOFF (2002, S. 147) führt an dieser Stelle das „Fluggänse-Modell" einer nachholenden Entwicklung gegenüber der führenden Industrie-, Finanz- und Technologiemacht Japan an. Die Wirtschaftsmacht Japan wird als „Leitgans" des pazifisch-asiatischen Subkontinents interpretiert, hinter der sich die so genannten „asiatischen Zugvögel" ihrem Entwicklungsstand entsprechend einreihen.
In diesem Modell rangieren die vier asiatischen Schwellenländer Singapur, Hongkong, Taiwan und Südkorea vor den wichtigsten ASEAN-Staaten Malaysia, Thailand, den Philippinen und Indonesien. In weitem Abstand folgt die Volksrepublik China, die allerdings mit den derzeit höchsten wirtschaftlichen Wachstumsraten schnell aufholt.
Für die verkehrspolitischen Akteure ergeben sich zugleich neue Herausforderungen aufgrund der intraregionalen Verflechtungen im Kontext zur einhergehenden Globalisierung der Verkehrsmärkte. Parallel zum hohen Wirtschaftswachstum ist in Ost- und Südostasien vor allem der Luftverkehr in den letzten Jahrzehnten mit im internationalen Vergleich enormen Raten gewachsen. Diesem Zuwachs begegneten die Staatsregierungen frühzeitig mit angebotsorientierten Maßnahmen. So wurden unter dem Motto „Verkehrspolitik ist Wirtschaftspolitik" mit milliardenschweren Investitionen Neubauten und Erweiterungen bestehender Flughäfen aus dem Boden gestampft.

Wie bereits erwähnt, gilt der Anschluss an ein leistungsfähiges, international konkurrenzfähiges Flughafensystem als wichtige Voraussetzung für die Partizipation der Volkswirtschaften an globalen Wachstumschancen. In Asien drohen Metropolen wie Hongkong, Singapur, Shanghai und Bangkok, die über regelmäßige Direktverbindungen verknüpft sind, der japanischen Hauptstadt Tokio den Rang als Verkehrsdrehscheibe der Region schrittweise abzulaufen. Denn die Flughafeninfrastruktur der japanischen Metropolen erweist sich zunehmend als unzureichend. Aufgrund dessen ist der Wettbewerb um die Führungsposition im asiatisch-pazifischen Luftverkehr in vollem Gange. Durch das wirtschaftliche Wachstum sind weitere Metropolen in den transnationalen Konkurrenzkampf eingetreten. Darunter fallen aufstrebende Großstadtregionen wie Shenyang-Dalian, Beijing-Tianjin, Shanghai-Nanjing und Hongkong-Guangzhou auf dem chinesischen Festland, die Achsen Seoul-Pusan in Südkorea und Taipeh-Gaoxiong auf Taiwan, die den Wettbewerbsdruck zur weiteren Standortqualifizierung entscheidend intensiviert haben. Das höchste Wirtschaftswachstum wird dabei für die Volksrepublik China prognostiziert. Im Zuge der wirtschaftlichen

Erholung kann davon ausgegangen werden, dass das Wachstum des Luftverkehrs ebenso beschleunigt wird.

„Flughäfen gelten als zentrale Elemente einer aktiven Wirtschafts- und Verkehrspolitik, die auf die Steigerung der Mobilität, des wirtschaftlichen Wachstums und der gesellschaftlichen Wohlfahrt strategisch ausgerichtet ist“ (FELDHOFF 2002, S. 152).
Die südostasiatischen Länder verfügen mittlerweile über großzügig dimensionierte und mit Serviceeinrichtungen ausgestattete, benutzerfreundliche Flughäfen. Auch hier ist das wichtigste Kriterium für die Verkehrszentralität ein umfassendes Angebot an interkontinentalen Langstreckenflügen zu den Steuerungszentralen der Triadeländer in Nordamerika und Europa.

Nach dem Zweiten Weltkrieg wurde Tokio zum Tor nach Japan und Asien und zur zentralen Drehscheibe des Interkontinentalverkehrs in Asien. Durch die Vergabe von Flugrechten für die zwischenstaatliche Beförderung mit Zwischenlandung in einem Drittstaat an US-amerikanische Airlines in der Nachkriegszeit, war Tokio bis in die 1970er Jahre hinein als Zwischenstopp für Flüge nach Ost- und Südostasien unumgänglich. Später, nachdem die Flugzeuge zunehmend längere Strecken zurücklegen konnten und durch Neuverhandlungen der bilateralen Luftverkehrsabkommen mit den asiatischen Staaten als Folge der Liberalisierung des Weltluftverkehrs in den 1980er Jahren, nahm die Zahl der transpazifischen Direktflüge von und nach Asien rapide zu.

Doch wie zeichnet sich das heutige asiatische Flughafensystem aus? Es stellt ein Spiegelbild der Hierarchie des Städtesystems dar, d. h. es ist nicht mehr durch eine monozentrische, auf Tokio ausgerichtete, sondern durch eine polyzentrische Struktur gekennzeichnet. Hongkong, und Singapur, aber auch die südkoreanische Metropole Seoul unterstreichen neben Tokio ihre Führungsansprüche. Die fünf bedeutendsten Flughafenstandorte in der Region sind nach dem Rang geordnet: Tokio, Seoul, Hongkong, Singapur und Bangkok. Auf diese Flughäfen konzentrieren sich zwei Drittel des In- und Auslandspassagieraufkommens (s. Abb. 8).

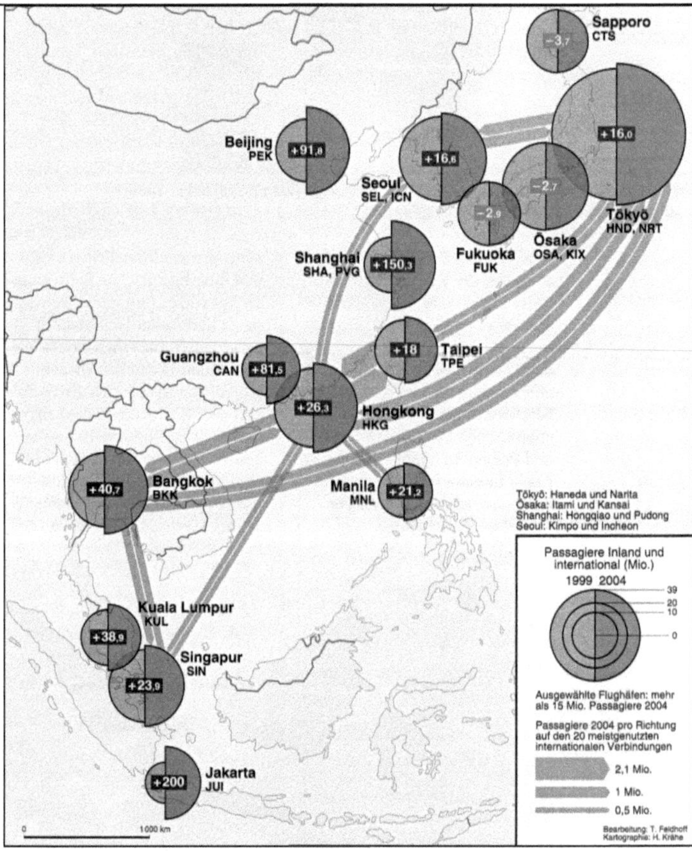

Abb. 8: Flughafenstandorte in Ost- und Südostasien: Passagieraufkommen 2004 und Veränderung gegenüber 1999

Quelle: Feldhoff (2007)

Tokio ist allerdings nach wie vor führend im Interkontinentalverkehr nach Nordamerika und Europa. Innerhalb Asiens ist Hongkong die Drehscheibe für den Nord-Süd-Verkehr, während Singapur im Ost-West-Verkehr und bei den interasiatischen Verbindungen das differenzierteste Angebot aufzuweisen hat. Singapurs Verbindungen nach Südostasien stehen in direkter Konkurrenz zu Bangkok, das zugleich die wichtigste Drehscheibe für den Verkehr nach Europa ist. Seoul hat sich erst vor kurzem als Drehkreuz der zentralasiatischen Flugverbindungen etabliert (vgl. FELDHOFF 2002, S. 152.).

Werden nur die Flugverbindungen innerhalb des asiatisch-pazifischen Raumes betrachtet, so verschiebt sich der Flughafenschwerpunkt von Tokio nach Hongkong, das traditionell als Gateway für Festlandchina fungiert. Aufgrund der touristischen Beliebtheit gehören die Routen von Tokio, Bangkok und Taipeh nach Hongkong zu den meist frequentierten Hauptflugrouten. Die höchste Wachstumsrate verzeichnet der Flughafen Singapur Changi, der gleichzeitig der Hub von Singapore Airlines ist. Von dort aus wurden Ende der 1990er Jahre die Verbindungen vor allem nach Australien und Neuseeland, Europa, Indien und die USA erheblich ausgeweitet. Korean Air und Air Asia sind auf dem Großflughafen Seoul Incheon beheimatet und strategisch liiert. Durch Low-Cost-Angebote ist es ihnen gelungen, über Zubringerflüge aus Japan erhebliche Kundenpotenziale für den Interkontinentalverkehr von Seoul aus in alle Welt zu erschließen. Dass der Flughafen die zweitniedrigsten Flughafengebühren im südostasiatischen Raum erhebt, stellt einen enormen Wettbewerbsvorteil dar. Auch hier stehen weitere Umstrukturierungsmaßnahmen an, so dass die Privatisierung auch bei den international expandierenden Global Playern Einzug hält (vgl. FELDHOFF 2002, S. 153).

4.2 Bedeutung der Low Cost Carrier

Die organisatorischen und strukturellen Weichen für einen zukunftsträchtigen Luftverkehrsmarkt sind gestellt. Diese Voraussetzungen nutzen die Low Cost Carrier (LCC) und etablieren sich zunehmend im Niedrigpreissegment. Das Konzept der LCCs wird im folgenden Kapitel ausführlich erläutert.

Die Deutsche Flugsicherung charakterisiert LCCs wie folgt: „Im Gegensatz zu den traditionellen Fluggesellschaften bieten Billigflieger in aller Regel keine Umsteigeverbindungen, sondern konzentrieren sich auf den Punkt-zu-Punkt-Verkehr, damit ihre Flugzeuge so oft wie möglich in der Luft und so selten wie möglich am Boden sind. Ein einheitlicher Flugzeugpark hilft, die Kosten für Instandhaltung und Ausbildung niedrig zu halten. Tickets werden in der Regel über das Internet oder über Callcenter verkauft, und wer im Flugzeug Service haben will, muss zahlen: Speisen und Getränke werden meist nur gegen Bares ausgegeben. Um Flughafengebühren zu sparen, steuern viele Billig-Airlines statt der großen Airports kleine Regionalflughäfen an“ (DEUTSCHE FLUGSICHERUNG (DFS) 2008, S.2).

Der Boom der LCCs, der in den 1980er Jahren die Luftfahrtindustrie in den USA und in den späten 1990er Jahren Europa eroberte, hat nun Südostasien erreicht. Im Januar 2002 nahm der malaysische LCC „AirAsia“ seinen Betrieb auf. Eine Vielzahl von kleinen Wettbewerbern folgte. Die asiatische Luftfahrt galt zuvor als die am stärksten Regulierte der Welt, denn bis Mitte der 1980er Jahre befand sich die Mehrzahl der Fluggesellschaften in vollständigem Staatsbesitz und bildete somit ein Monopol. Es gab zwar wenige kleine private Fluggesellschaften, die jedoch nur existieren bzw. ihren Dienst aufnehmen durften, wenn sie über die besten Beziehungen zur politischen Elite verfügten. .

Besonders in Ländern mit starker Abhängigkeit vom Tourismus hat sich die Einsicht, dass eine Deregulierung der asiatischen Luftfahrt notwendig ist, schnell durchgesetzt. Die Regierungen von Thailand, Singapur, Malaysia und Indonesien fördern den Boom der LCCs durch die verstärkte Vergabe von Landerechten, so dass die Tourismusindustrie auch über die intraregionale Nachfrage weiter stimuliert wird (vgl. FRIESE 2005, S. 27).

Die dahinter stehenden Beweggründe sind einleuchtend: Circa 500 Millionen Menschen leben weniger als zwei Flugstunden von den südostasiatischen Metropolen Bangkok, Kuala Lumpur und Singapur entfernt, ein zukünftiger Markt, der größer ist als der der USA und Westeuropas zusammen. Zudem befinden sich die zwei zurzeit am stärksten wachsenden Volkswirtschaften China und Indien mit zusammen über zwei Milliarden Menschen im unmittelbaren Einzugsgebiet. Dies stellt ein enormes Potenzial an Touristen dar. Jedoch sind Flugreisen, trotz der sprunghaft steigenden Mittelschicht in diesem Raum, für einen Großteil noch nicht erschwinglich. Günstige Flugpreise fördern also die Zunahme des intraasiatischen Flugtourismus. Würden mehr Asiaten reisen, womöglich auch öfter, dann geben sie auch mehr Geld aus. Zwar nicht für den Flug selbst, aber für Hotels oder andere touristische Dienstleistungen am Urlaubsort. Werden kostengünstige Flugverbindungen zunehmend angeboten, insbesondere im Zeitalter des globalen Terrorismus und den daraus resultierenden stagnierenden oder gar rückläufigen Touristenzahlen aus den klassischen Quellgebieten Europa und Nordamerika, so wäre dies ein wichtiger Faktor für einen weiterhin dynamisch wachsenden südostasiatischen Tourismussektor.

Zur Veranschaulichung des Aktionsraumes der LCCs dient Abbildung 9.

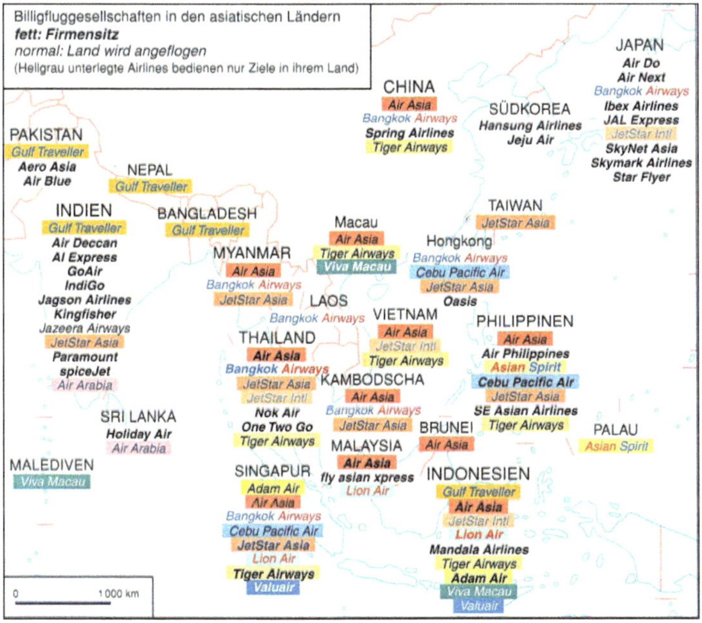

Abb. 9: Billigfluggesellschaften in Ost- und Südostasien

Quelle: Feldhoff (2007)

FRIESE (2005, S. 28) sieht die Voraussetzungen für eine Deregulierung des asiatischen Marktes als optimal an. Die landgebundene Verkehrsinfrastruktur ist gerade in der Peripherie oft miserabel, effektive Verkehrsmittel wie Schnellzugsysteme oder Autobahnen fehlen vielerorts. Als Folge des Vietnamkrieges stehen in der Region mehr als hundert oft kaum genutzte Flughäfen zur Verfügung, auf denen auch größere Passagiermaschinen problemlos landen könnten. Zudem sind 235 Städte im Asien-Pazifikraum mit mehr als je 500.000 Einwohnern bisher nicht an das internationale Flugverkehrsnetz angeschlossen. Daraus ergeben sich gute Perspektiven für die Ausweitung des LCC-Segments. Nun stellt sich jedoch die Frage, wie die etablierten staatlichen Airlines den Boom der LCCs aufnehmen. Merkwürdigerweise sehen sie ihm gelassen entgegen, da sie rasch den Konkurrenzkampf mit eigenen LCC-

Tochtergesellschaften aufgenommen haben: Thai Airways mit Nok Air, Garuda Indonesia mit Citylink (jedoch erfolglos - Konkurs) und Singapore Airlines mit der Tochtergesellschaft Tiger Airways. Es ist allerdings zweifelhaft, ob die LCCs den etablierten Fluggesellschaften tatsächlich so zusetzen können, wie es in den USA durch Southwest Airlines oder in Europa mit Ryanair der Fall ist. Es lässt sich jedoch feststellen, dass die LCCs ihr Streckennetz von 2004 bis 2008 erheblich ausgebaut haben (s. Tab. 3).

Fluggesellschaft	Destinationen 2004	Destinationen 2008	prozentuale Veränderung
Thai AirAsia	7	43	614,3
Nok Air	4	12	300,0
One-Two-Go	4	3	-25,0
AirAsia	23	43	187,0
Valuair	3	9	300,0
Tiger Airways	4	15	375,0
Jetstar Asia Airways	15	15	0,0
Lionair	34	42	123,5
Citylink	7	Konkurs	-
Adam Air	5	21	420,0

Tab. 3: Ausgewählte LCCs in Südostasien: Destinationen innerhalb Südostasiens 2008 und Veränderung gegenüber 2004
(eigene Recherche)
Quellen: jeweiliger Internetauftritt (Abruf: 17.05.2008)

Als Nachteil ist herauszustellen, dass die LCCs wegen nicht ausgebauter Regionalflughäfen in dieser Region darauf angewiesen sind, die oft überlasteten, teuren und großen Verkehrsflughäfen zu nutzen. Eine Kostenreduzierung durch günstige Flughafengebühren, wie es in Europa und Nordamerika gegeben ist, ist in Asien noch schwer umzusetzen. Da die etablierten asiatischen Airlines zudem effizienter arbeiten als die europäischen und amerikanischen Airlines, sind sie auf die zunehmende Konkurrenz der LCCs weitaus besser vorbereitet. Ein weiterer Pluspunkt für die etablierten asiatischen Airlines ist, dass sie lukrative First-Class- und Business-Class-Angebote anbieten, und durch profitable Frachtsparten bei geringer Auslastung ihre Economy-Tickets zu reduzierten Preisen vermarkten können (vgl. FRIESE 2005, S. 28).

Dies lässt den Schluss zu, dass, anstatt den etablierten Airlines Marktanteile zu nehmen, der Boom der Billigflieger aufgrund der Größe des Marktes auch mehr Business für

sämtliche Bereiche bedeutet. Das hieße, bei fallenden Preisen würden ebenso die traditionellen Airlines profitieren würden. Thai Airways konnte auf der stark umkämpften LCC-Flugverbindung Bangkok – Chiang Mai ihre Auslastungsrate durch die Vergabe von 30 Tickets (von 150 Tickets pro Flug) zu je 25 US-$ für den Hin- und Rückflug erhöhen und nahm somit den Wettbewerb gegen die LCCs auf dieser Strecke erfolgreich auf, denn der reguläre Flugpreis der Billigflieger betrug oneway ca. 112 US-$.
Der Markteintritt von AirAsia, One-Two-Go oder Nok Air hat einen explosiven Anstieg der Flugreisen bewirkt. Die Zahlen der in Südostasien verkauften Tickets im ersten Quartal 2004 schossen im Vergleich zum Vorjahr um 23,3 % in die Höhe. Es ist davon auszugehen, dass durch die Neugründung weiterer LCCs eine erneute Ausweitung des Streckennetzes innerhalb Südostasiens bewirkt, sowie durch die Einführung neuer Verbindungen aus dem ASEAN-Raum nach China und Indien die Zahl der Flugtouristen weiterhin ansteigen wird.

Es wird ein Marktwachstum von 25 bis 30 % pro Jahr in der Region prognostiziert. Analysten sind zudem der Auffassung, dass mittelfristig das Überleben von nur zwei bis drei Billigfluglinien wahrscheinlich ist. Ebenso stellt sich die Frage, ob die Liberalisierung allen Unternehmen dieselben Vorteile bringt. Nach FRIESEN (2005, S. 28) ist dies in Thailand der Fall: Während des ASEAN Gipfels auf Bali im Jahre 2003 sagte der thailändische Premierminister und Milliardär Thaksin Shinawatra neuen LCCs den Markteintritt in den thailändischen Markt zu. Einige Wochen später kündigte die malaysische AirAsia Berhard Group an, ihr Geschäft nach Thailand auszuweiten. Die Pikanterie: Die thailändische Shin Corporation hält 50 % der Anteile von Thai AirAsia, an der die Familie des Premierministers auch 50 % Gesellschaftsanteil besitzt. Später, nach der Beteiligung der Shin-Corporation an Thai AirAsia, räumte die Airport Authority of Thailand der Gesellschaft eine 50-prozentige Reduzierung der Landegebühren ein. Des Weiteren gewährte das „Board of Investment“ (BOI) der Gesellschaft umfangreiche Investmentprämien, und Transportministerium und Luftwaffe sagten Hilfen bei Pilotenausbildung und Wartung zu. Folge: Ungleiche Wettbewerbsbedingungen für Mitbewerber.

Sicherlich ist der Boom der Billigflieger als äußerst positiv, wenn nicht gar als ein Glücksfall für Südostasien zu werten. Trotz der zunehmenden Deregulierung der

Luftfahrtindustrie scheint eine grundlegende asiatische Weisheit noch Gültigkeit zu haben: „Je besser die politischen Verbindungen, desto größer der Erfolg" (FRIESE 2008, S. 28).

5. Luftverkehr in Europa

5.1 Entwicklung der internationalen Verkehrsflughäfen von 1993 bis 2003

Im nun folgenden Punkt 5.1 liegt der Fokus auf den wichtigsten internationalen Flughäfen Europas. Zu den klassischen Flughäfen zählen London/Heathrow, Frankfurt/Main, Paris/Charles-de-Gaulle, Amsterdam/Schiphol, Madrid/Barajas, London/Gatwick, Roma/Fiumicino, München, Barcelona und Paris/Orly.

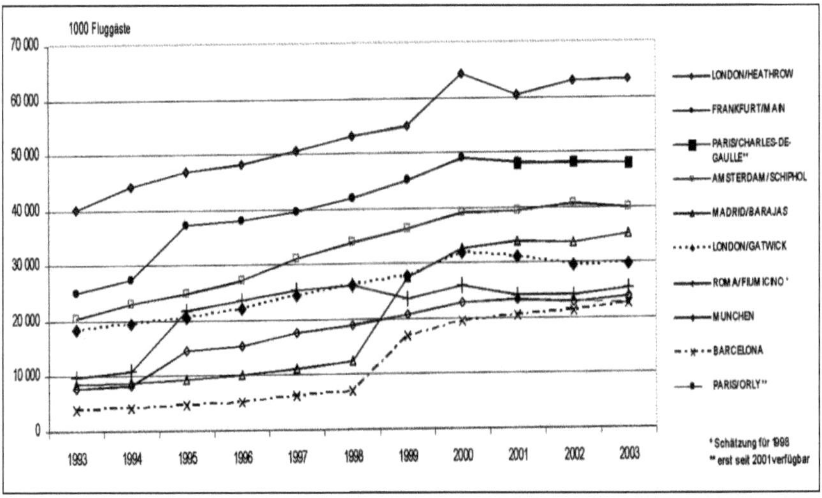

Abb. 10: Entwicklung der 10 wichtigsten EU-Flughäfen 1993 bis 2003

Quelle: Eurostat

Grundsätzlich verzeichneten alle 10 EU-Verkehrsflughäfen einen kontinuierlichen Anstieg der Fluggastzahlen (s. Abb. 10). Die einzige Ausnahme bildet der Flughafen Roma/Fiumicino, der zwischen 1998 und 1999 aufgrund der Eröffnung des neuen internationalen Drehkreuzes von Milano/Malpensa rückläufige Zahlen meldete.

Im Jahre 2000 verbuchte er aufgrund des Jubiläums der Katholischen Kirche wieder steigende Zahlen.

Ein Einbruch der Fluggastzahlen an allen Verkehrsflughäfen in Europa war 2001 auf die Terroranschläge des 11. September zurückzuführen. Ebenso war im Jahre 2003 ein Rückgang aufgrund der bereits erwähnten SARS-Epedemie sowie des Ausbruchs des Irak-Krieges zu verzeichnen.

Der wichtigste EU-Flughafen im Post- und Frachtverkehr war im Jahre 2003 der Flughafen Frankfurt/Main. Es wurden über Frankfurt mehr als 1,6 Mio. Tonnen Frachtgut befördert, gefolgt von Amsterdam/Schiphol und London/Heathrow mit 1,4 Mio. t bzw. 1,3 Mio. t beförderten Gütern. Insgesamt wurden auf den 10 wichtigsten Flughäfen über 8 Mio. Tonnen Fracht und Post abgefertigt. Dies entspricht einem Zuwachs von rund 4,9 % (2002 bis 2003). 48,3 % der insgesamt in der EU-25 im Luftverkehr beförderten Fracht und Post verteilen sich auf die ersten vier Großflughäfen.

Rangfolge	Flughäfen	Frachtmenge 2003 (1000 t)	Frachtmenge 2002 (1000 t)	prozentuale Veränderung
1	Frankfurt/Main	1643	1628	0,9
2	Amsterdam/ Schiphol	1353	1240	9,2
3	London/Heathrow	1300	1235	5,3
4	Paris/C.-d-G.	1194	1218	-2,0
5	Bruxelles/National	607	499	21,4
6	Luxembourg	603	550	9,5
7	Köln/Bonn	530	508	4,4
8	Milano/Malpensa	318	/	/
9	Madrid/Barajas	296	293	1,1
10	East Midlands (UK)	238	219	8,6

Tab. 4: Die 10 wichtigsten EU-Flughäfen für den Post- und Frachtverkehr im Jahre 2003

Quelle: Eurostat (2005), veränderte eigene Darstellung

Bei der Interpretation der Zahlen für den Flughafen Bruxelles ist Vorsicht geboten, da EUROSTAT davon ausgeht, dass die Zahlen im Jahre 2002 zu niedrig angesetzt wurden. Amsterdam verzeichnet einen erheblichen Zuwachs in 2003 aufgrund eines erhöhten Einsatzes von Cargo-Flugzeugen. Dies ist darauf zurückzuführen, dass aufgrund des

Rückgangs der Passagierzahlen in diesem Jahr Passage-Flüge gestrichen wurden und diese offenen Legs (Verbindungen) mit Frachtverkehr wiederbelebt wurden.

Der Vergleich der 10 wichtigsten Flughäfen im Fluggast- und Frachtverkehr ergibt, dass die ersten vier Flughäfen in beiden Sparten führend sind, allerdings in unterschiedlicher Rangfolge.

Wichtige Frachtflughäfen, die in der Liste der bedeutenden Passagierflughäfen nicht verzeichnet sind, sind Bruxelles/National, Luxembourg, Köln/Bonn und East Midlands (UK). Diese haben sich zu Drehscheiben des Frachtverkehrs entwickelt und profitieren davon, dass ein geringes Fluggastaufkommen abzufertigen ist und sie über einen sehr guten Anschluss an die Hauptverkehrsadern des Straßennetzes verfügen.
Hinzukommt, dass sich in Bruxelles, Köln/Bonn und East Midlands Expressfracht-Gesellschaften angesiedelt haben, die für einen weiteren Zuwachs im Frachtverkehr sorgen.

Wird der Intra-EU-25-Verkehr sowie Extra-EU-25-Verkehr im Fluggastverkehr betrachtet, ist festzustellen, dass Madrid und Barcelona zusammen 38 % des gesamten spanischen und 46 % des innerstaatlichen Luftverkehrs verbuchen. Wie aus der Abbildung 11 hervorgeht, handelt es sich bei jeweils rund der Hälfte des Verkehrsaufkommens dieser Flughäfen allein um innerstaatlichen Verkehr.

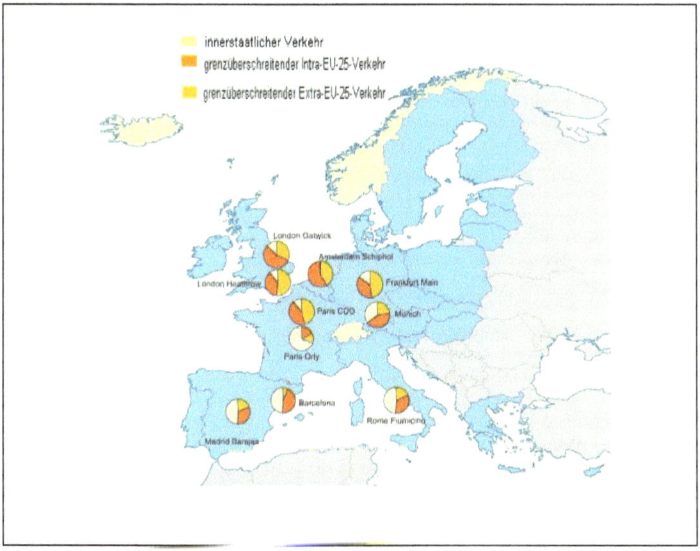

Abb. 11: Fluggastverkehr der 10 wichtigsten EU-Flughäfen insgesamt – Anteil nach Destinationen 2003

Quelle: Eurostat (2005)

Im Jahre 2003 war die Verbindung Madrid – Barcelona mit 4 Mio. Fluggästen die Wichtigste zwischen zwei Flughäfen innerhalb der EU-25. Bei drei der 10 innerstaatlichen Verbindungen in der EU-25 mit dem höchsten Passagieraufkommen handelt es sich um Strecken zwischen spanischen Städten.

In Italien war die Situation ähnlich. Hier verzeichnete die wichtigste innerstaatliche Verbindung zwischen den Flughäfen Roma/Fiumicino und Milano/Linate 2,4 Mio. Fluggäste im Jahre 2003. Mithin war dies die zweitwichtigste Intra-EU-25-Verbindung. Grenzüberschreitende Intra-EU-25-Verbindungen von mehr als einer Million Passagieren von Paris/Charles-de-Gaulle bestanden mit London/Heathrow, Roma/Fiumicino und Madrid/Barajas. Die wichtigsten innerstaatlichen Verbindungen in Frankreich gingen von und nach Paris/Orly aus, zwei Drittel davon innerstaatlich.

Die Londoner Flughäfen Heathrow und Gatwick führen die Liste der 10 wichtigsten grenzüberschreitenden Intra-EU-Verbindungen an. Die bedeutenden Verbindungen von und nach London sind London/Heathrow – Frankfurt/Main, Heathrow – Madrid/Barajas sowie Heathrow – Malaga (Spanien gilt als klassische Urlaubsdestination der Engländer).

In Deutschland weisen die Flughäfen Frankfurt/Main und München einen ähnlich hohen Anteil am grenzüberschreitenden EU-25-Verkehr aus. Hierbei entfallen 37 % bzw. 43 % vom Gesamt-EU-Verkehr auf den jeweiligen Flughafen. Differenzen sind jedoch bei den übrigen Destinationen festzustellen. Frankfurt/Main weist nämlich 47 % Extra-EU-25-Verkehr aus, während München nur knapp die Hälfte (22 %) vorweisen kann. Das Verhältnis des innerstaatlichen Verkehrs von 37 % bzw. 35 % ist hingegen relativ homogen ausgeprägt (vgl. EUROSTAT 2005).

Die Ausführungen zu Prognosen weiterer Entwicklungen folgen im Schlusskapitel dieser Arbeit.

5.2 Bedeutung des Geschäftsmodells Low Cost Carrier (LCC) für den europäischen Luftverkehrsmarkt

Im europäischen Luftverkehrsmarkt hat das Geschäftsmodell der Low Cost Carrier eine relativ junge Geschichte. Während Southwest Airlines bereits im Jahre 1971 in den USA mit einem entsprechenden Konzept erfolgreich den Markt erschloss, hat es sich in Europa erst in den 1990er Jahren etabliert.

Die Entwicklung der Low Cost Carrier zeigt als eines der besten Beispiele in der Geschichte der Europäischen Union, wie staatenübergreifende Entscheidungen Wirtschaftszweige verändern und neue Märkte öffnen können. Die LCCs haben in weniger als einem Jahrzehnt ein Wachstum verzeichnet wie kaum eine andere Branche. Ihre Vision, die Flexibilität und Weitsicht im Hinblick auf die mögliche Nachfrage war eine herausragende innovative Antwort auf die neuen Marktbedingungen, auf die der Liberalisierung im europäischen Luftverkehr.

Heute besitzt die Branche einen hohen Bekanntheitsgrad und verfügt über einen gefestigten Ruf als preiswertes Dienstleistungssegment, was allen Grund zur Annahme lässt, die Entwicklung dieser relativ jungen Branche als ausgereift zu bezeichnen. Ihr Marktanteil in Europa ist in wenigen Jahren auf ca. 20 % des Personenluftverkehrs (s. Abb. 12) gestiegen (vgl. EUROCONTROL 2007, S. 3). Auch dadurch wurde das bis dato vertraute Bild mit der Lufthansa und ihrem Hub Frankfurt als Solist im deutschen Luftverkehr kräftig verändert. Neue Hubs der LCCs wie Köln, Weeze und Hahn entstanden und sind heute etablierte Basen mit hoher Nachfrage, auf denen bekannte Linien wie Air Berlin, Ryanair oder easyJet stationiert sind. Viele weitere LCCs arbeiten zusätzlich in Nischenmärkten (z. B. Business-Charter, temporäre Vercharterung einzelner Flugzeuge an andere Airlines) sowohl innerdeutsch als auch auf europäischer Ebene (vgl. BECKER 2006, S. 5).

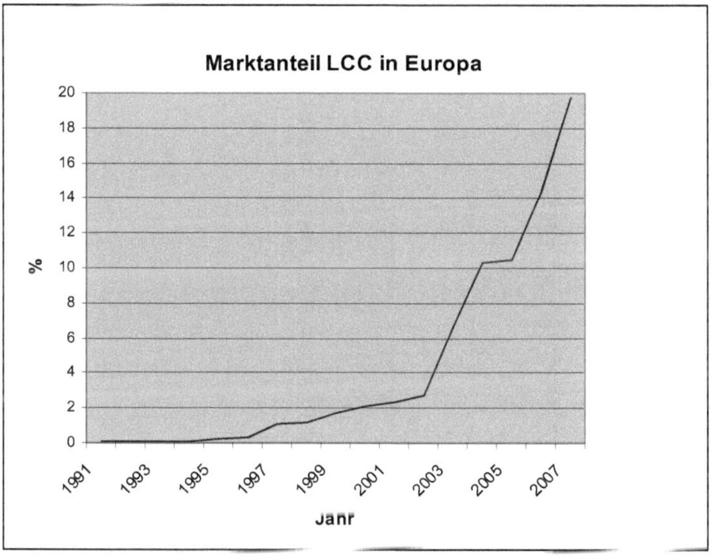

Abb. 12: Marktanteil der Low Cost Carrier in Europa von 1991 bis 2007

Quelle: Eurocontrol (2007), eigene Darstellung

5.2.1 Strategie der Low Cost Carrier (LCC)

Grundsätzlich wird die Strategie des klassischen Southwest-Konzeptes angewandt, das auf einer akribischen Kostenanalyse und -reduzierung basiert. Ziel war es, einem Personenkreis günstige Flugtickets bieten zu können, dem selbst die preiswertesten der klassischen Fluggesellschaften noch zu teuer war. Des Weiteren werden Kunden angesprochen, die ohne die günstigen Flugpreise mit einem alternativen Transportmittel wie Auto oder Bahn gereist wären.

Erreicht werden konnte dies nur durch deutliche Einschnitte bei Komfort, Service und Dienstleistungen bzw. der Einführung von so genannten No-Frills-Konzepten, also des Angebotes bestimmter Zusatzleistungen nur gegen Bezahlung. Weitere Bedingung war und ist die optimale Gestaltung der Flughafen- und anderen Infrastrukturkosten. Voraussetzung ist außerdem ein optimal aufeinander abgestimmtes Unternehmenssystem und der reibungslose Betrieb von Produktion, Vertrieb und Organisation.

Ein enormer Kostenvorteil ergibt sich zum Beispiel aus der Vertriebsstrategie mit moderner Technik: Flugtickets werden fast ausschließlich über das Internet oder eigene Call Center in Form von Datensätzen vertrieben, was Provisionskosten für Reisebüros und deren internationale Computerreservierungssysteme einspart.

Die LCCs besitzen ein Tarifsystem, das die Preise nachfrageabhängig festlegt, wobei ein variabler Anteil der verfügbaren Sitzplätze zum günstigsten Tarif verkauft wird. Diese Preise liegen in der Regel weit unter denen der Full Service Carrier (FSC). Auffallend ist jedoch, dass die in der Werbung ausgelobten günstigen Preise der LCCs im Durchschnitt dann doch höher sind, da nur ein geringer Anteil tatsächlich zu diesen Konditionen verkauft wird. Der Durchschnittspreis für Tickets innerhalb der LCC-Destinationen liegt bei rund 50 Euro inkl. Steuern und Flughafengebühren (eigene Recherche, jeweiliger Internetauftritt Ryanair und easyJet). Der Preis steigt nach dem Prinzip von Angebot und Nachfrage je nach Anzahl der verfügbaren Restsitzplätze und dem Zeitraum bis zum Abflug immer weiter an.
Dies kann dazu führen, dass nur noch ein geringer oder kein preislicher Unterschied mehr zum Linienflugticket eines FSC besteht.

Die Umsetzung der Wettbewerbsstrategie einer regionalen Kostenführerschaft macht erforderlich, dass ausschließlich Kurz- und Mittelstrecken beflogen werden. Die Flugstrecken sind im Allgemeinen nicht länger als 1.500 Kilometer. Diese relativ kurze Distanz ermöglicht einen homogenen Flugzeugtypeneinsatz. Der bislang am häufigsten eingesetzte Flugzeugtyp ist die Boeing 737 (300er- bis 900er-Reihe). Zunehmend wird auch der Airbus A 319, wie ihn zum Beispiel easyJet überwiegend einsetzt, genutzt. Durch die Homogenität der Flotte ergeben sich große Kostenvorteile, da die Wartung der Maschinen nur an einem Flugzeugtyp erfolgen muss. Ebenso gilt dies für den Personalsektor (Cabincrew, Cockpit, Dispatch). Die Piloten und Flugbegleiter sind flexibel einsetzbar und der Bedarf an Reservecrews für unterschiedliche Maschinentypen entfällt völlig (vgl. GREIFENSTEIN & WEIß 2003, S. 4 f.).

Die Streckenstruktur der LCCs ist im Gegensatz zu den Hub-and-Spoke-Netzwerken der FSCs als ein Punkt-zu-Punkt-Netzwerk gestaltet. Einen zentralen Flughafen mit garantierten Umsteigemöglichkeiten zwischen den Zielflughäfen der LCCs gibt es nicht. Passagiere und Gepäck werden deshalb auch nicht für einen Anschlussflug durchgecheckt. Um weitere Kosten einsparen zu können, werden überwiegend weniger ausgelastete, sekundäre Flughäfen mit niedrigeren Nutzungsgebühren, schnelleren Umschlags- und kürzeren Wartezeiten für Passagiere angeflogen. Um eine Ertragsoptimierung erreichen zu können, beträgt die Zeitspanne zwischen Landung und Neustart, für das Aus- und Einsteigen der Passagiere, Kurzreinigung und Tanken bei europäischen LCCs nicht mehr als 25 Minuten. Die FSCs haben hingegen weitaus längere Standzeiten. Diese betragen ungefähr eine Stunde. Die LCCs verzichten ganz auf Frachttransporte, da dadurch ebenfalls Zeitaufwand entfällt. Für die Be- und Entladung von Gütern würden viel längere Standzeiten anfallen, die die Nutzungszeit der Maschinen erheblich einschränken würden.

Da die erhobenen Flugpreise im Vergleich mit den FSCs erheblich geringer sind, müssen sie zudem einen höheren Sitzladefaktor (Anteil der verkauften Sitzplätze am Gesamtangebot) erreichen, um einen annähernd hohen Umsatz wie ein FSC mit der geringerer Auslastung zu generieren. Der Break Even-Sitzladefaktor (notwendiger Sitzladefaktor, der verkauft werden muss, um die operativen Kosten zu decken) muss bei LCCs so niedrig wie möglich sein. Dies wird durch die Ausstattung der Flugzeuge mit der maximal möglichen Anzahl an Sitzen erreicht, was allerdings den Sitzabstand und Komfort deutlich reduziert (vgl. GREIFENSTEIN & WEIß 2003, S. 6).

Weitere Kosteneinsparung bringt das Outsourcing von vielen Leistungen der Wertschöpfungskette einer Fluggesellschaft, die über den Markt günstiger erledigt werden können. Demnach vergeben LCCs die Leistungen Check-In, Flugzeugreinigung und -wartung an externe Dienstleister. Ryanair lässt seine Flugzeuge zum Beispiel von der Lufthansa-Tochter „Lufthansa Technik" warten und sichert sich damit gleichzeitig eine hohe Qualitätsgarantie. Ebenso sind die Serviceleistungen an Bord ein weiteres Sparelement der LCC-Strategie, denn entweder gibt es gar keinen Service oder Getränke und Snacks nur gegen Bezahlung. Dadurch bringt dieser Bereich sogar zusätzliche Einnahmen. Und: Der Bedarf an Kabinenpersonal ist erheblich geringer als es bei den FSCs der Fall ist und somit sind auch hier die Personalkosten reduziert. LCCs setzen in der Regel Mindestbesatzungen ein, die gesetzlich noch zugelassen sind, geringer bezahlt werden und nicht oder wenig gewerkschaftlich organisiert sind.

Zusammenfassend beruht das Geschäftsmodell der LCCs darauf, die Produktivität der Flugzeuge durch eine optimale Konfiguration aller Elemente im System der Unternehmung zu erhöhen. Je länger also die Maschinen in der Luft sind und je mehr Passagiere auf einmal transportiert werden, umso besser werden die operativen Kosten auf die transportierten Passagiere verteilt. Ein normaler FSC erreicht eine tägliche Nutzungszeit seiner Maschine von 7,1 Stunden, während ein LCC eine tägliche Nutzungszeit von 10,7 Stunden hat (vgl. GREIFENSTEIN & WEIß 2003, S. 7). Dies macht pro Tag und Maschine zwei zusätzliche Kurzstreckenverbindungen aus.
Zudem gibt es bei den LCCs kaum Verspätungen, da sie überwiegend sekundäre Flughäfen nutzen, die wenig Luftverkehrsaufkommen haben und nur kurze Taxi-Zeiten von ca. 2 bis 5 Minuten (Zeit für das Rollen vom Gate zur Runway und umgekehrt) ermöglichen, während an primären Flughäfen durchaus 15 bis 20 Minuten dafür einkalkuliert werden müssen.

5.2.2 Strategie der Full Service Carrier (FSC)

Im Gegensatz zu den LCCs beruht das Geschäftsmodell der Full Service Carrier auf einer unterschiedlichen Konfiguration wichtiger Unternehmenselemente. Die FSCs verfolgen in ihrer Wettbewerbstrategie eine weltweite Differenzierung. Hierbei liegt der Fokus in der Unterscheidung des Produkts über die Grund- und Serviceleistungen (vgl. POMPL 2006, S. 105). Das Service- und Streckennetzangebot wird folgendermaßen charakterisiert: Neben Ausdehnung des Streckennetzes und der Flugfrequenz betrifft dies vor allem den Umfang der Serviceleistungen, die vor, während und nach dem Flug angeboten werden, wie Buchungskomfort und andere Zusatzleistungen, die in der Tabelle 6 dargestellt sind (vgl. GREIFENSTEIN & WEIß 2003, S. 8).

Historisch betrachtet, bot die Deregulierung auf dem US-amerikanischen Markt den FSCs die Möglichkeit, über Strecken, Verkaufspreise und Kapazitäten frei zu entscheiden. Diese erweiterten Rahmenbedingungen konnten die Fluggesellschaften nutzen, um ihre Netzwerkstrukturen am Gesamtmarkt auszuweiten, was zur Bildung von Hubs führte, an denen Umsteigemöglichkeiten von sekundären Flughäfen angeboten werden. Auf diesen Zubringerstrecken können dann kleinere, wirtschaftlichere Flugzeugtypen eingesetzt werden. Die Flugbewegungen sind zwischen den Städten in einem solchen System der Hub-and-Spoke-Netzwerke deutlich höher als dies beim Punkt-zu-Punkt-Verkehr möglich wäre. Ein Nachteil dieses Systems ist sicherlich die Gefahr der auftretenden Verspätungen durch ein hohes Luftverkehrsaufkommen usw. innerhalb des Netzwerks. Damit verbunden können höhere Kosten für die Fluggesellschaften für Ersatzleistungen an die Passagiere entstehen, welches den Deckungsbeitrag rapide fallen lässt. Da zudem Lande- und Startrechte an den Hubs - wegen der hohen Nachfrage von vielen Airlines - knapp bemessen sind, sind die anfallenden Kosten relativ hoch. Viele Leistungen wie Gepäcktransfer zu Anschlussflügen und Frachttransporte erhöhen die Komplexität im System und machen es insgesamt anfälliger für Störungen und Fehler (vgl. GREIFENSTEIN & WEIß 2003, S. 7).

Zur Unternehmensstruktur: Die FSCs zeichnet eine komplexe Unternehmensarchitektur aus. Zur Sicherung einer größtmöglichen Unabhängigkeit wurden in der Zeit als nationale Fluggesellschaft neben dem fliegerischen Kerngeschäft (Flugbetrieb, Handling, Wartung) auch zuliefernde Funktionen im Unternehmen verankert, wie zum Beispiel Catering, Transport oder Versicherungen. Der Unternehmenstyp Full Service Carrier kann als internationaler Mischkonzern mit entsprechend stark vernetzten Strukturen bezeichnet werden (vgl. POMPL 2006, S. 106). Die Unternehmensaktivitäten der FSCs bauen auf einem differenzierten Geschäftsmodell auf, das der Strategie der Qualitätsführerschaft folgt und sich stark an den Prinzipien von Autarkie, direkter Kontrolle und Ressourcenabhängigkeit orientiert.

Durch die anhaltenden globalen Deregulierungen verstärkt sich auch der internationale Wettbewerb. Eine Antwort darauf ist der Zusammenschluss von verschiedenen FSCs zu strategischen Allianzen.

5.2.3 Gegenüberstellung beider Geschäftsmodelle

Bei einem Vergleich der strategischen Erfolgspositionen des Low Cost- und Full Service-Geschäftsmodells lässt sich folgendes feststellen: Durch eine konsequente Konzentration auf das Kerngeschäft Personenbeförderung und die konsequente Verschlankung der Produktions- und Prozessstrukturen versetzt das Low Cost-Geschäftsmodell die Anbieterseite in die Lage, die Transportleistung zu vergleichsweise niedrigen Kosten zu produzieren. Also ermöglicht dies den Gesellschaften, die eigentliche Transportleistung wesentlich günstiger als die Full-Service-Mitbewerber anzubieten.
Das Angebot kann durch die flexiblen Unternehmensstrukturen optimal einer wechselnden Nachfrage angepasst werden. Hinsichtlich der FSCs sichern Kostenstruktur, Unternehmensarchitektur und das Preissystem den Erfolg ab (vgl. POMPL 2006, S. 114). Die LCCs operieren also letztendlich nur mit veränderten Parametern in einem bekannten Marktumfeld. Die Tabelle 5 soll verdeutlichen, dass im Gegensatz zu den FSCs und den LCCs in weiten Bereichen dieser Geschäftsmodellen konzeptionelle und strukturelle Übereinstimmungen festzustellen sind.

	Full Service Carrier (FSC)	Low Cost Carrier (LCC)
Leistungskonzept	Globales Streckennetz, hohe Frequenzen, schnelle Umsteigeverbindungen, zentrale Airports, Hub-and-Spoke-Prinzip. Starke Differenzierung der Kundengruppen, des Produktes und des Serviceangebotes.	Punkt-zu-Punkt-Verbindungen, selektives Streckenangebot, wenige Verbindungen, dezentrale Airports. Einheitliche Transportklasse. Keine Lounges.
Kommunikationskonzept	Komplexe Markensysteme, Kundenbindungsprogramme (z. B. „Miles & More" der Star Alliance)	Bekanntheitswerbung selektiv in relevanten geographischen und virtuellen Märkten. Aggressive Preisgestaltung. Fehlende Kundenbindung.
Ertragskonzept	Aufwendiges Management. Große Abhängigkeit von Nebengeschäften im Dienstleistungsbereich.	Einfache Preissysteme, konsequente Kostenoptimierung auch im Marketing, Transport oft einzige Einnahmequelle.
Wachstumskonzept	Teurer Kampf um Marktanteile über Grenzkostenpreise, verstärkter Einkauf in Allianzen	Sequentieller Ausbau des Streckennetzes: Wird eine Route erfolgreich betrieben, wird nächste Route beflogen..
Schlüsselkompetenz	Netzwerk- und Flottenmanagement, Marketingkompetenz, Steuerung der Holdingstrukturen.	Marktpräsenz und Kostenkompetenz.
Organisationsform	Strukturierung um die zentralen Kompetenzen Netzwerkmanagement und Marketing, Holdingstruktur. Große Zahl von Kooperationspartnern, Allianzmanagement, komplexe Kapitalverflechtungen und Franchiseverträge, komplexe Technologie (Flotte, IT).	Einfacher, integrierter Flugbetrieb mit schlanken Führungsstrukturen, keine Kooperationen, reine Leistungsbezüge.

Tab. 5: Gegenüberstellung beider Geschäftsmodelle auf Anbieterseite

Quelle: eigene Darstellung, in Anlehnung an Pompl (2006)

Um einen transparenten Überblick beider Geschäftsmodelle auf Nachfrageseite, also aus Sicht des Fluggastes, geben zu können, dient die Tabelle 6.

	Full Service Carrier (FSC)	Low Cost Carrier (LCC)
Service an Bord	Menüs, zugewiesene Sitze	Service nur gegen Bezahlung, keine Platzreservierung
Sonstiger Service	Gepäcktransfer bei Anschlussflügen	Kein Gepäcktransfer bei Anschlussflügen mit FSCs
Buchung	Wahlweise indirekt über Reisemittler, direkt über Internet oder Call Center	Nur direkt über Internet oder Call Center
Flugzeugflotte	Versch. Flugzeugtypen für versch. Strecken	Einheitlicher Flugzeugtyp für alle Strecken
Warteschleifen und Standzeiten der Flugzeuge	Hoch, da überfüllte Flughäfen bedient werden und Verspätungen von Anschlussflügen sich fortpflanzen	Gering, da keine überfüllten Flughäfen angeflogen werden und keine Anschlussflüge garantiert sind
Einflussfaktoren	Häufig noch politischer Einfluss des Staates	Hoher Anteil von Mitarbeitern als Aktionäre

Tab. 6: Gegenüberstellung beider Geschäftsmodelle auf Nachfrageseite

Quelle: eigene Darstellung, in Anlehnung an Greifenstein & Weiß (2003), Pompl (2006)

6. Zusammenfassung und Ausblick

Es wird deutlich geworden sein, welche Ausgangslagen notwendig waren, um dem Luftverkehr eine solch hohe wirtschaftliche Relevanz zukommen zu lassen, die er bis heute erreicht hat. Der Luftverkehr stellt ein bedeutendes Bindeglied im Rahmen wirtschaftlicher Handlungsprozesse in globaler, aber auch lokaler Hinsicht dar. Kaum ein anderer Bereich des tertiären Sektors erfährt ein so enormes Wachstum wie der Luftverkehr. Laut dem Bundesministerium für Verkehr, Bau und Stadtentwicklung (BMVBW) stellt er zwar einen im Vergleich noch relativ geringen Anteil am innerdeutschen Gesamtverkehrssystem dar, jedoch wird er bis zum Jahre 2015 fast auf gleicher Höhe mit dem öffentlichen Straßenverkehr konkurrieren können (s. Abb. 13).

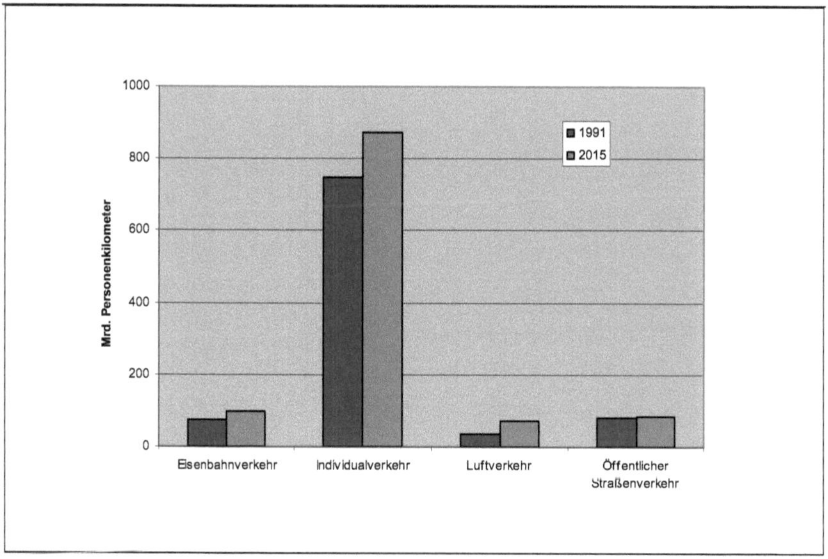

Abb. 13: Prognose der Verkehrsleistungen im Personenverkehr (Deutschland)
Quelle: BMVBW 2003

Aufgrund der sich permanent und schnell wandelnden Rahmenbedingungen müssen sich alle Akteure im Handlungsfeld des Luftverkehrs ständig anpassen. Die Expansion des Luftverkehrs spiegelt eben auch die gestiegene wirtschaftliche Bedeutung des asiatisch-pazifischen Raumes wider. Mit Ausnahme der japanischen Volkswirtschaft kann für die anderen asiatischen Volkswirtschaften auch in Zukunft mit hohen Wachstumsraten gerechnet werden (vgl. Kapitel 4), da diese Länder hier in diesem Bereich ihr Reifestadium noch nicht erreicht haben. Zudem ist die Zahl effizient arbeitender asiatischer Airlines verhältnismäßig groß, da nahezu jedes Land einen international agierenden FSC unterhält. Hinzu kommen die neu etablierten LCCs, die mit den FSCs stark konkurrieren. Im Unterschied zu europäischen LCCs, die sekundäre Hubs bedienen, nutzen sie die primären Flughäfen und stellen somit ein erheblich höheres Konkurrenzpotenzial dar.

BONGARTZ (1994, S. 44) entwickelte zwei Szenarien, wie sich der asiatische Luftverkehrsmarkt entwickeln könnte. Zum einen sollte sich der asiatische Luftverkehrsmarkt erheblich ausbauen lassen, so dass regionale Marktpositionen bestimmt werden können. Dieser Expansion seien jedoch Grenzen gesetzt, da viele Länder der westlichen Hemisphäre ihre Luftverkehrsmärkte durch Regulierung schützen werden. Zum anderen sollte es asiatischen Interessengruppen gelingen, den Ordnungsrahmen der internationalen Verkehrsluftfahrt zu verändern und die Liberalisierung zu beschleunigen, weil die asiatische Region weiterhin ein höheres Wirtschaftswachstum aufweist. Hält diese Entwicklung weiter an, so würden die schnell expandierenden asiatischen Airlines versuchen, sich Zugang zu den Distributionsnetzen in Europa und den Vereinigten Staaten zu verschaffen. Abhängig von der Machtverteilung zwischen den Wettbewerbern könne es dann zur Bildung Strategischer Allianzen bzw. zu einem Verdrängungswettbewerb kommen. Letzteres Szenario ist bereits eingetreten.

Ergänzend sollte noch erwähnt werden, dass die neu etablierten LCCs, deren Anzahl noch relativ hoch ist, vom Markt aufgrund des Konkurrenzdruckes zum Teil wieder verdrängt werden können, so dass vielleicht nur zwei bis drei große LCCs übrig bleiben. Was das allgemeine Luftverkehrswachstum in Asien angeht, wird davon ausgegangen, dass sich in den asiatischen Teilregionen überdurchschnittliche Wachstumsraten einstellen werden. Ausgehend von 2004 bis zum Jahre 2023 werden folgende Wachstumsraten p.a. prognostiziert: Südostasien 5,6 %, Südwestasien 6,7 %, Nordostasien 5,4 %, China 7,5 % und Ozeanien mit dem geringsten Anteil von 3,9 % (vgl. HSH-NORDBANK 2005, S. 3).

Durch das wachsende Frachtaufkommen verschieben sich auch die Weltmarktanteile zugunsten der Routen innerhalb sowie nach Asien. Es wird erwartet, dass sie in Summe (gemessen in Tonnenkilometern) von 47,6 % in 2003 auf 59,4 % in 2023 steigen werden (vgl. HSH-NORDBANK 2005, S. 4).

Im Gegensatz zur EU gibt es in Asien keinen gemeinsamen Luftraum (wie z. B. Eurocontrol). Demnach muss die Vergabe von Flugrechten zwischen den einzelnen Ländern verhandelt werden. Auf bilateraler und multilateraler Ebene sind zwar bereits Luftverkehrsabkommen geschlossen worden, jedoch ist der Markt nach wie vor stark reguliert. Trotz einer relativ engen wirtschaftlichen Verzahnung der Staaten innerhalb Südostasiens ist angesichts eines enormen Konkurrenzdenkens ein gemeinsamer Luftraum, wie in der EU, bis dato nicht denkbar. Dies wäre allerdings von Vorteil, da somit ein Beitrag zu weiterem Verkehrs- und Wirtschaftswachstum geleistet werden würde (vgl. FELDHOFF 2003, S. 34).

Demnach wird deutlich, welch ein Potenzial sich im asiatischen Raum zukünftig auftut. Vorteile ergeben sich daraus nicht nur für die Airlines als solche, sondern eben auch für alle Akteure, die in der Luftfahrtbranche direkt oder indirekt agieren.

Der europäische Luftverkehrsmarkt hingegen erfährt zurzeit eine Sättigung sowie einen generellen Strukturwandel. Schlagzeilen wie „Boombranche vor dem Wendepunkt", „Verdrängungswettbewerb setzt ein", „Nur wenige LCCs in Europa können überleben", „Europäische Flughäfen stehen vor radikalem Wandel" (INNOVATIONS-REPORT 2005, S. 1) zeugen von dem, was dem asiatischen Markt vielleicht auch bevorsteht, nämlich der einsetzende Überlebenskampf der LCCs und sekundären Flughäfen.
Es wird davon ausgegangen, dass nur ungefähr die Hälfte der 140 größeren europäischen Flughäfen überleben wird (vgl. Kapitel 3.4).

Die großen internationalen Hubs sind einem enormen Kostendruck ausgesetzt, da sie dem Passagier ausgesprochen viel Komfort und Ambiente bieten müssen, andererseits müssen sie dem Konkurrenzkampf mit den LCCs, die auf Sub-Hubs ausweichen, entgegenwirken. Festzustellen ist, dass Flughäfen, die einen LCC-Anteil von einem Drittel (Starts und Landungen) und mehr verzeichnen, eine Wachstumsrate von 20 Prozent erzielen. Führende Low-Cost-Hubs (z. B. Frankfurt-Hahn) können dagegen Wachstumsraten von 80 Prozent und mehr ausweisen. Jedoch muss auch hier davon ausgegangen werden, dass in absehbarer Zeit ein Sättigungseffekt eintritt. Besonders gefährdet sind mittelgroße Hubs, die für 40 bis 60 Prozent Transferanteil ausgelegt sind, denn durch die LCCs werden in Europa ungefähr 70 Prozent aller Destinationen durch Direktverbindungen angeboten. Nun gilt es, sich hierauf einzustellen bzw. umzustrukturieren (vgl. REIHLE 2005, S.1). Somit können mittelgroße Hubs ihre Rolle neu definieren und als Anbieter verschiedener Zusatzleistungen, bis hin zur Veranstalterrolle, auftreten.

Als weniger problematisch gestaltet sich die Situation der europäischen Mega-Hubs, so zum Beispiel Frankfurt am Main, dem ein enormes Passagierwachstum bis zum Jahre 2020 prognostiziert wird (s. Abb. 14).

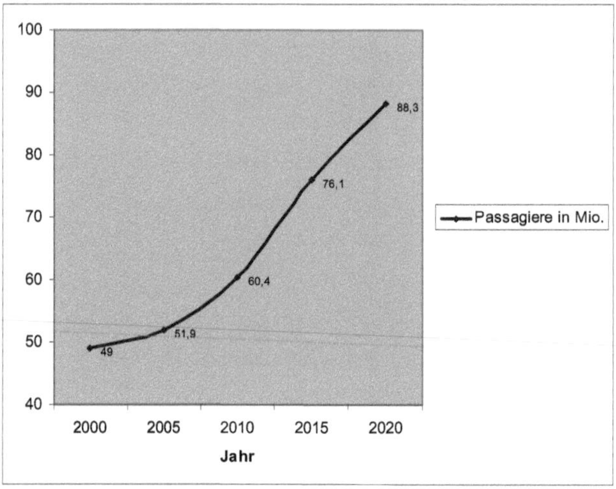

Abb. 14: Prognose Passagierzuwachs Flughafen Frankfurt am Main bis 2020
Quelle: Fraport AG (2008), veränderte eigene Darstellung

Dieser enorme Zuwachs an Passagieren ist bzw. wird sicherlich nicht nur auf erhöhte Starts und Landungen zurückzuführen sein, sondern auf den Airbus A 380, der zunehmend im Interkontinentalverkehr eingesetzt wird und somit pro Flug bis zu 600 Passagiere, je nach Modellvariante, befördern kann.

Spürbare Liberalisierungsmaßnahmen sind in Europa und Nordamerika gerade durch das Geschäftsmodell der LCCs zu verzeichnen. Denn für diese sind die Markteintrittsschwellen niedriger geworden. Es ist jedoch zu erwähnen, dass dies nur für die lokalen Märkte galt, da der Interkontinentalverkehr bis zum 30.03.2008 auf bilateralen Verträgen beruhte. Mit diesem Datum ist das „Open Skies"-Abkommen in Verbindung zu bringen. Es erlaubt vielen Fluggesellschaften, von jedem internationalen Flughafen der Europäischen Union Transatlantikflüge anzubieten. Erwartet werden günstigere Flugpreise und zunehmender Wettbewerb. Mit dem Abkommen ist ein weiterer Schritt in diese Richtung getan: Liberalisierung des Luftverkehrsmarktes.

Drei Faktoren wirken jedoch bei der Umsetzung äußerst hinderlich:

1. Der Luftverkehr zwischen Nordamerika und Europa wird von den drei großen Allianzen (Star Alliance, Oneworld und SkyTeam) dominiert.

2. Start- und Landerechte sind auf den großen Drehkreuzen, vor allem in Europa, knapp und werden überwiegend von den Home Carriers in Anspruch genommen.

3. Staatliche Finanzhilfen für Fluggesellschaften führen zu Wettbewerbsverzerrungen

Abschließend zur globalen Entwicklungstendenz des Luftverkehrs: Es wird davon ausgegangen, dass der Luftverkehr insgesamt eindeutig auf Wachstumskurs bleiben wird. Nach Prognosen des Boeing-Konzerns sowie der EADS expandiert die Verkehrsleistung im Personenverkehr in den nächsten 20 Jahren um durchschnittlich 5 % pro Jahr. Im Frachtverkehr liegen die prognostizierten Raten um etwa 6 % pro Jahr. Demnach expandiert die Branche in Zukunft stärker als das globale Bruttoinlandsprodukt und der Welthandel (vgl. DEUTSCHE BANK RESEARCH 2006, S. 4f.). Die Abbildung 15 verdeutlicht das zu erwartende Wachstum, differenziert nach Weltregionen.

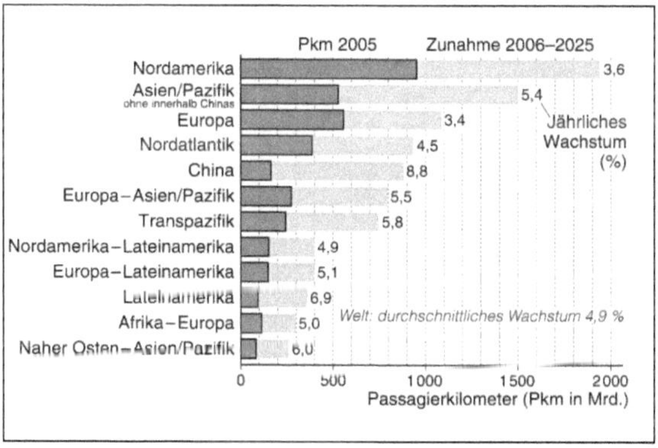

Abb. 15: Prognosen für den weltweiten Personenluftverkehr nach Großregionen 2006 bis 2025 (in Mrd. Passagierkilometer)

Quelle: Feldhoff (2003)

Wie lässt sich dies begründen? Das anhaltende Wachstum des Luftverkehrs liegt auf der Nachfrageseite in der voranschreitenden Integration der Weltwirtschaft, die einen zusätzlichen Bedarf nach Geschäftsreisen generiert. Die Globalisierung sowie die internationale Arbeitsteilung durch Outsourcing und Offshoring führen zu einer zwingend höheren Mobilität. Dies gilt gleichermaßen für den Personen- und Frachtverkehr. Da Asien und Lateinamerika stärker in die internationale Wertschöpfungskette eingebunden werden, sind ausgedehntere Transportweiten im Luftverkehr die automatische Folge. Wegen der vielen zeitlich äußerst knapp bemessenen Produktionsprozesse sind Flugzeuge bei immer mehr Gütern das Transportmittel der ersten Wahl. Aufgrund dessen übertreffen die Prognosen für den Cargo-Verkehr jene des Personenverkehrs.

Berücksichtigt werden müssen, hinsichtlich der Entwicklung des Luftverkehrs, die zunehmenden steigenden Rohöl- bzw. Kerosinpreise, die bereits vor kurzem 26 % der Betriebskosten ausmachen. Da aufgrund des zunehmenden Wettbewerbs keine wesentlichen Ticketpreissteigerungen zu erwarten sind, werden langfristige Bezugspreise vereinbart, die als Kostensicherung temporär fungieren sollen. Zudem wächst gleichzeitig der Druck zur weiteren Verbesserung der Produktivität durch Kostensenkungen und Ertragssteigerungen. FELDHOFF (2003, S. 30) führt an: „Nach einer Studie der Managementberatung Arthur D. Little (2005) beträgt der yield -Verfall der europäischen Airlines seit 1991 ca. 4 % pro Jahr. Alleine zwischen 2002 und 2004 gingen die Durchschnittserlöse („yield") der Airlines um 20 % zurück [...]".

Der Luftverkehr insgesamt wird in den nächsten 20 Jahren eine durchaus positive Entwicklung erfahren und weiterhin ein wichtiges ökonomisches Bindeglied im „Global Village" bleiben. Mithin ist die Veränderung der Luftverkehrsstrukturen ein dynamischer Prozess, den es gilt, kontinuierlich zu evaluieren, da er enorme Auswirkungen auf den Raum nach sich zieht. Aber der Raum macht dies erst möglich:

„Wäre alles zur selben Zeit, gäbe es keine Entwicklung. Befände sich alles am gleichen Ort, könnte es keine Eigenart geben. Erst der Raum macht das Besondere möglich, das sich in der Zeit dann entfaltet."

Lösch, 1962

7. Verzeichnis der Quellen

Literatur

Becker, C. (2006): Stand und Entwicklung der Low Cost Carrier in der Bundesrepublik Deutschland. Wiesbaden.

Bongartz, U. (1994): Asiens internationale Airlines und der intra- und interasiatische Luftverkehrsmarkt. Düsseldorf.

Feldhoff, T. (2007): Neue Entwicklungstendenzen im Weltluftverkehr. Hub Airports, Strategic Alliances, Low Cost-Carriers. In: Geographische Rundschau, Band 59, Heft Nr. 5, S. 28-35.

Feldhoff, T. (2003): Flughäfen in Ost- und Südostasien. In: Zeitschrift für Wirtschaftsgeographie, Heft Nr. 3/4, S. 146-162.

Fraport AG (2007): Geschäftsbericht 2007. Frankfurt/Main.

Friese, M. (2005): Boom der Billigflieger in Südostasien. In: Pacific News Nr. 23, S.27-29.

Greifenstein, F. & Weiß, M. (2004): Geschäftsmodelle am europäischen Luftverkehrsmarkt. Eine Untersuchung der Kundenstrukturen von Low Cost Airlines und Full Service Carriern. In: Tourismus Journal, Band 8, Heft Nr. 1, S. 5-26.

Juchelka, R. (2005): Flugdestinationen im Globalisierungsprozess – am Beispiel Ost- und Südostasiens. In: Wirtschaftsgeographische Studien, Heft Nr. 31, S. 85-110.

Neiberger, C. (2006): Globalisierung der Güterverkehrsbranche – Der Einfluss von Deregulierung, veränderten Kundenanforderungen und neuen Technologien auf den internationalen Güterverkehr. In: 55. Deutscher Geographentag Trier 2005, S.281-289.

Neiberger, C. (2003): Über den Wolken. Umstrukturierung der Luftfahrtbranche durch Deregulierung und veränderte Anforderungen der Kunden. In: Europa Regional, Band 11, Heft Nr. 4, S. 199-209.

Nuhn, H. & Hesse, M. (2006): Grundriss Allgemeine Geographie. Verkehrsgeographie. Paderborn.

Pompl, W. (2006): Luftverkehr. Eine ökonomische und politische Einführung. Heilbronn.

Internet-Quellen

Antrecht, R. (2005): Sinkendes Wachstum belastet Billigflieger. In: Innovations-Report. Verfügbar unter: http//www.innovations-report.de/html/berichte/studie/bericht-45736.html [03.05.2008].

Crolly, H. (2008): Mit „Open Skies“ günstiger in die USA fliegen. In: Welt-Online. Verfügbar unter: http://www.welt-online.de/wirtschaft/article1852558/Mit_Open_Skies_guenstiger_in_die_USA_fliegen.html [12.04.2008]

EUROCONTROL (2007): Low-Cost Carrier Market Update June 2007. Verfügbar unter: www.eurocontrol.int/statfor/gallery/content/public/analysis/LowCostMarketUpdateJun07_V01.pdf [30.06.2008].

EUROSTAT (2005): Luftverkehr der 10 größten EU-Flughäfen im Jahr 2003. In: Statistik kurz gefasst. Verfügbar unter: http://www.eds-destatis.de/de/downloads/sif/nz_05_08.pdf [16.05.2008].

Deraed, D. (2004): Mercer-Studie zu Billigfliegern in Europa. In: Innovations-Report. Verfügbar unter: http://www.innovations-report.de/html/berichte/studien/bericht-37740html [17.06.2008]

Deutsche Bank Research (2004): Überfällige Konsolidierung im Luftverkehr ante portas?. Verfügbar unter: http://www.dbresearch.de/PROD/DBR_INTERNET_DE-PROD/PROD0000000000199155.pdf [24.05.2008].

Deutsche Flugsicherung (2008): Billigflieger legen weiter zu. In: Newsletter Jan. 2008. Verfügbar unter: http://www.dfs.de/dfs/internet/deutsch/default/newsletter_base/newsletter_dfs_newsletter/dfs_newsletter_nummer_15_7 1_2008/dfs_newsletter_januar_2008.pdf [24.05.2008].

Focus-Online (2007): Erleichterungen im Luftverkehr. Verfügbar unter: http://www.focus.de/reisen/fliegen/flugabkommen-eu-usa_aid_55058.html [24.06.2008].

HSH-Nordbank (2005): Transport Research. Asiatischer Luftverkehrsmarkt. Verfügbar unter: http://www.hsh-nordbank.de/home/themen/presse/publikationen/branchenstudien/transport/BranchenstudieAsiatischerLuftverkehrsmarkt0305.pdf [29.06.2008].

Reihle, S. (2005): Europäische Flughäfen stehen vor radikalem Wandel. In: Innovations-Report. Verfügbar unter: http://www.innovations-report.de/html/berichte/studien/bericht 44866.html [03.05.2008].

Rohbohm, H. (2007): Städtehopping mit Tiger und Co. In: Spiegel-Online. Verfügbar unter: http://www.spiegel-online.de/reise/aktuell0,1518,489978,00.html [12.04.2008].

Dokumente

Bundesministerium für Verkehr, Bau und Stadtentwicklung (2003): Bundesverkehrswegeplan 2003. Berlin.

EU-Kommission (2005): Wettbewerb: Konsultationen der Kommission zur Zukunft der IATA-Tarifkonferenzen. Pressemitteilung. Brüssel.

ICAO (International Civil Aviation Organization) (div. J.): ICAO Journal 1991-2005. Montreal.